$ZnFe_2O_4$基空心纳米光催化
复合材料研究

刘振兴 著

北 京
冶金工业出版社
2023

内 容 提 要

本书通过构建空心纳米结构、与其他半导体或贵金属纳米粒子复合，以及采取三元复合体系等方式改进了 $ZnFe_2O_4$ 基复合光催化剂光降解污染物的性能，系统研究了光催化剂的组成、结构对光催化性能的影响，从"基因"上解决了纳米光催化剂难以回收再利用的问题，助推了光催化剂在污水处理方面的工业化应用。

本书可供相关领域的科研人员及高等院校相关专业的师生阅读参考。

图书在版编目（CIP）数据

$ZnFe_2O_4$ 基空心纳米光催化复合材料研究/刘振兴著 . —北京：冶金工业出版社，2023.8
ISBN 978-7-5024-9599-2

Ⅰ.①Z⋯ Ⅱ.①刘⋯ Ⅲ.①光催化—复合材料—纳米材料—研究 Ⅳ.①TB383

中国国家版本馆 CIP 数据核字（2023）第 153943 号

$ZnFe_2O_4$ 基空心纳米光催化复合材料研究

出版发行	冶金工业出版社	**电 话**	(010)64027926
地 址	北京市东城区嵩祝院北巷 39 号	**邮 编**	100009
网 址	www. mip1953. com	**电子信箱**	service@ mip1953. com

责任编辑 武灵瑶 张熙莹 美术编辑 彭子赫 版式设计 郑小利
责任校对 范天娇 责任印制 窦 唯
三河市双峰印刷装订有限公司印刷
2023 年 8 月第 1 版，2023 年 8 月第 1 次印刷
710mm×1000mm 1/16；7.5 印张；161 千字；107 页
定价59.00元

投稿电话 (010)64027932 投稿信箱 tougao@cnmip. com. cn
营销中心电话 (010)64044283
冶金工业出版社天猫旗舰店 yjgycbs. tmall. com
（本书如有印装质量问题，本社营销中心负责退换）

前　言

随着社会的发展，能源危机和环境污染问题越来越严重，半导体光催化剂利用太阳能就可以降解污染物，在污水处理领域已经引起了普遍关注。目前，很多学者致力于研究纳米光催化剂，相比传统尺寸的光催化剂，纳米光催化剂的光降解污染物效率要高得多。纳米尺寸光催化剂材料具有量子隧道效应，可以大幅度减少光降解污染物所需的壁垒能量，质变性地提升了光降解效率，并且纳米光催化剂具有大的比表面积，由于光催化反应是在半导体的表面进行，大大增加了光催化剂与污染物接触概率，提升了光催化效率。然而纳米光催化剂比表面积大、密度小，很难通过自沉降的方法在水中进行回收，在污水处理后易造成二次污染，也进一步限制了纳米材料在污水处理中的应用。

$ZnFe_2O_4$ 是一种窄禁带半导体，在太阳光下电子就可以激发，兼具光催化性能和磁学性能，原料价格低、物理化学性能稳定，在磁性环境下就可以与污水进行分离，可进行循环污水处理，因此具有很大的研究潜力。但纯 $ZnFe_2O_4$ 的光生载流子复合率很高，大大降低了光催化效率。本书的研究思路是构建空心纳米 $ZnFe_2O_4$ 基光催化剂，再采取复合其他材料的方式，制备 $ZnFe_2O_4$ 基空心纳米复合光催化剂，提升其光降解效率。这样就可以兼顾光催化剂降解污染物的高效性和可回收性，提升光催化剂应用于污水处理的实用性。

本书第 1 章阐述了光催化剂的研究现状及 $ZnFe_2O_4$ 光催化剂的制备方法和改性途径；第 2 章研究了酚醛树脂微球，为下一步以酚醛树脂微球为模板剂制备空心纳米 $ZnFe_2O_4$ 基光催化剂打好基础；第 3 章阐述了 $ZnFe_2O_4$ 基空心纳米光催化剂的制备及其性能研究，为后续 $ZnFe_2O_4$

基复合空心纳米光催化剂的研究打下坚实的技术基础并积累了经验；第 4~8 章分别介绍了 $ZnFe_2O_4$-Fe_2O_3-Bi_2WO_6、$ZnFe_2O_4$-ZnO-Ag_3PO_4、$ZnFe_2O_4$-Ag、$ZnFe_2O_4$-Fe_2O_3-Ag 和 $ZnFe_2O_4$-ZnO-Ag 光催化剂。第 9 章阐述了 $ZnFe_2O_4$ 基半导体材料在光催化领域的应用，拓展读者对 $ZnFe_2O_4$ 基半导体材料应用领域的了解，为其他半导体材料的光催化技术研究提供了更广阔的思路和方法，助推半导体光催化技术从实验室走向市场。

　　本书是作者依据多年从事 $ZnFe_2O_4$ 光催化技术的科研和教学经验，并参考了众多国内外该领域的科研资料编写而成，可供相关科研人员作为学术研究参考，也可作为高等院校相关专业学生的教学参考书。

　　本书由陕西国防工业职业技术学院刘振兴老师独著，得到了学院科研项目的资助。

　　由于作者水平所限，书中不足之处还望读者给予批评指正。

刘振兴

2023 年 2 月

目　　录

1 $ZnFe_2O_4$ 光催化剂概述

1.1 引 言

随着国民经济的发展，人民的物质生活质量层次进一步提升，文明健康、绿色环保的环境已经成为人们的追求。对于水资源的利用，人们普遍存在取之不尽，用之不竭的传统思想，导致水资源的浪费和污染程度日益加重，伴随城市化发展，造成水污染问题日益加重，城市水污染逐渐成为危及城市发展的重要因素。按传统处理废水的作用原理，可将其分为物理法、化学法和生物法三种。物理法虽然可对废品进行回收，但是无法破坏其内部结构，因此在根本上不能对污染物进行有效的清除。化学法是通过向废水中掺入化学试剂，利用化学反应来分解和回收污染物质，但是纵观所有的氧化还原试剂，虽然可以分解污染物，却很容易造成二次污染。生物法是通过微生物对污染物进行分解，但是微生物对营养物质、温度、光线、氧气量、pH 值和特定污染物等条件都有较高的要求。所以上述三种方法在实际工业应用中都受到了限制。

光催化氧化还原法始于 1972 年，应用于污水处理、有机污染物的降解等方面，具有光降解效果好、经济成本低、能回收利用、可彻底降解有机污染物等优点，通过转化光能，可以将有机、无机化合物甚至微生物降解，或者破坏其原有结构，致使其转化成危害特别轻的物质，让其失去原本的性质，因此光催化剂也被人们誉为"绿色"污染物处理剂[1-3]。

众所周知，高效的且具有实际应用的半导体光催化剂应具有大的比表面积、高效的量子效率、稳定性高和易回收等特点。大的比表面积能够提供更多的活性位点和吸附更多的污染物，有利于提高光催化反应速率。量子效率是指当光催化剂在受到光的激发之后，光生 h^+ 和电子的分离程度。当电子空穴进行有效分离时，其进一步才能将介质转化为活性物种，降解污染物[4-6]。稳定性是光催化剂的必要条件，只有当光催化剂具有高的稳定性时，其光催化反应才能有效进行。可回收有利于降低处理污染物的成本和防止造成二次污染。然而，光催化发展至今其回收利用始终是一个难题。鉴于此，本书从以上几个角度出发，寻找简单、经济和高效的合成方法，进一步探索光催化剂的结构和化学组成对其光催化性能的影响，为制备具有可实际应用的光催化剂提供新思路。

1.2 半导体的光催化机理和影响活性的因素

半导体是电阻率介于绝缘体和导体之间的一类材料。半导体材料在绝对零度时，导带中的所有能级都是空的，半导体中的电子都处于价带。通常，我们常见的半导体光催化材料有单质 Ge、Si，化合物 CdS[7]、ZnS[8]、ZnSe、CdSe 和 TiO$_2$[9-11]、Fe$_2$O$_3$[12,13]、ZnO[14,15]、SnO$_2$[16]、Ag$_3$PO$_4$[17]、WO$_3$ 等氧化物，这些半导体材料受太阳光的激发能够产生 h$^+$ 和电子，具有一定的催化能力，因此上述材料也就被当做研究光催化材料的基础性材料。

1.2.1 半导体光催化原理

半导体材料具有不连续的能级结构，是由一个具有空的高能量导带（CB）和一个充满电子的低能量价带（VB）所构成，两者之间的位置称为禁带，导带底和价带顶所对应的能级差称为禁带宽度（E_g）。只有当光源所对应的能量大于或等于半导体光催化剂的禁带宽度所对应的能量时，电子才能被激发，光源的能量才能被半导体材料所吸收，进而使半导体上的电子和空穴得到有效的分离[18]。同时，它们两者都具有很强的还原氧化能力，可与介质中的物质发生反应，生成活性单体中间产物，促使污染物得到分解，图 1-1 展示了光照条件下半导体催化剂光催化反应的主要反应过程。光生载流子的寿命很短，约为纳米级的，由于光照所产生的光生载流子很容易发生复合，主要以热能的形式将能量辐射出去，光

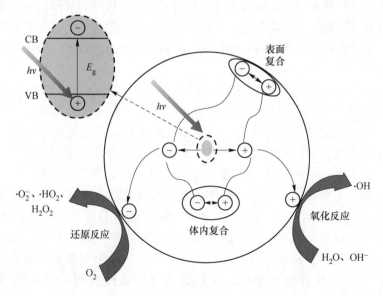

图 1-1 半导体光催化反应示意图

生载流子的量子效率是影响半导体光催化剂催化性能的一个决定因素。当催化剂表面或内部捕获电子时，就可以使光生载流子得到有效分离，进而电子和空穴与溶液中的污染物作用，起到降解有机污染物的效果[19-21]。光生载流子的氧化还原能力、光生电子和空穴的量子效率都与半导体本身的属性密切相关。当电子的还原电势足够高时，可以与吸附在半导体表面的氧气相互作用，生成·O_2^-、·HO_2和 H_2O_2 等中间活性产物。而当空穴的氧化能力足够强时，可与 H_2O 发生作用，生成活性中间产物·OH[22]。以上过程中生成的活性中间产物都具有很强的氧化还原能力，进而可与有机物发生反应，将其分解。

1.2.2　影响光催化剂活性的因素

1.2.2.1　半导体的能带

图 1-2 是一些常见半导体在 pH = 0 的电解质水溶液中的能级分布。半导体禁带宽度 E_g 的大小直接决定着半导体对光的吸收情况，由方程 $\lambda(nm) \leqslant 1240/E_g$（eV）可知，半导体光催化剂的能带值越大对光的吸收范围越小。当半导体光催化剂的禁带宽度小于 3.1eV 时，则对波长大于 400nm 的可见光都可以进行有效的利用，反之，则只能利用紫外光。另外，半导体的导带和价带所处的位置决定了光催化剂的氧化还原能力的大小。一般来说，半导体材料的导带能级决定了其光生电子的还原电位的极限，当物质的还原电位在半导体导带的下方时，原则上都可以被光生电子所还原；而氧化电位位于半导体价带顶上方的物质则可被光生

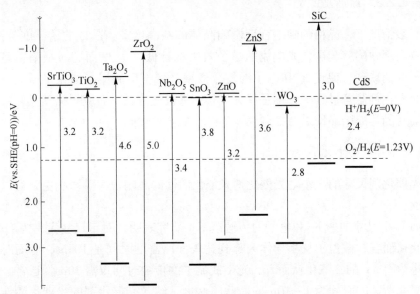

图 1-2　各种半导体在 pH = 0 的电解质水溶液中的能级

空穴氧化。并且，禁带宽度越窄，电子越容易被激发，但是电子空穴也越容易相互间发生复合；然而当禁带宽度越宽时，虽然被激发的活性粒子变少，但是其寿命变长，电子空穴的复合概率变小。由此可见，半导体的禁带宽度的大小、对其光的吸收范围、氧化还原能力及活性载流子的稳定性是几个相互矛盾的因素。因此，不仅仅是光吸收值越大、氧化还原能力越强或者产生的光生载流子的量越多，其光催化剂的催化效果就越好，更明智的选择是在这几个因素之间寻找一个平衡。

1.2.2.2　半导体的晶体结构

对于具有多种晶相的半导体而言，不同晶相所对应的光催化剂的禁带宽度、化学稳定性和光催化活性都有很大的区别。以在光催化方面应用最为广泛的 TiO₂ 为例，其主要有金红石和锐钛矿两种晶型，两者都属于四方晶系，但两者具有不同的电子能带结构。研究表明，金红石的禁带宽度为 3.0eV，锐钛矿的禁带宽度为 3.2eV。理论上讲，金红石相对于锐钛矿，其禁带宽度更小，在光激发下，金红石的光催化效果应该更好，但是结果恰恰相反。这是由于金红石的比表面积较小，对氧气的吸附能力较差，光生电子空穴容易复合。另外，不同的晶相会导致不同的晶体结构，进而导致晶体暴露出不同晶面，当晶体暴露出更多的活性晶面时会促使催化剂具有更高的催化效果。对于 TiO₂ 而言，{001} 晶面的活性高，且锐钛矿的活性晶面多于金红石，这也是光催化效果更好的一个原因。

1.2.2.3　结晶度

一般情况下，晶格的缺陷程度影响晶体的结晶度。当晶体的结晶度越高时，说明其内部缺陷就越少，光电流的量子效率就越低[21]。然而有时缺陷也是光生载流子的捕获剂，促使 h⁺ 和电子的复合概率降低，反而提高催化量子效率。因此在光催化剂制备过程中，不是仅寻找其一种极值情况，而应根据其具体材料的特性而对晶体的结晶度进行控制[23]。

1.2.2.4　尺寸大小

光催化剂尺寸的大小对光催化剂光催化活性的影响很大。影响主要有以下几个方面：

（1）小尺寸加速 h⁺ 和电子的传输速率。研究表明，对于尺寸大小为 1μm 的二氧化钛而言，载流子从半导体内部到达表面所需的时间是 100ns，然而对于尺寸大小为 10nm 的二氧化钛而言，光生载流子的传输时间仅需 10ps。通常，h⁺ 和电子复合所需的时间为 1～10ns。因此，这也是纳米光催化剂的光催化活性普遍高于普通块体催化剂的重要原因之一。

（2）吸收光的蓝移。半导体吸收光变化的根本缘由是纳米材料的小尺寸效应，当颗粒尺寸大小为纳米数量级时，量子的尺寸效应会致使价带和导带的能级变得更加分立，从而促使禁带宽度变得更宽，导致吸收光变短蓝移，进一步使得 h^+ 和电子具有更强的氧化还原能力，进而增强光催化剂的光催化活性。

（3）比表面积变大。当半导体光催化剂的粒径越小，其比表面积越大，这会更加有利于吸附污染物，增大污染物与光催化剂的接触面积，并且大的比表面积意味着有更多的活性位点，这些都有利于进一步提高光催化效果[24-26]。

1.3　高催化性能光催化剂的应用现状

目前，绝大部分学者的研究主要关注于提高光催化剂降解污染物的效率，现在已经制备出一些光降解效率很高的光催化剂，如张先盼等人[27]采取水热法制备的 $Fe_3O_4@Ag_3PO_4/AgCl$ 光催化剂，光照40min对MB（模型污染物）的降解率达到100%。汤春妮等人[28]采用煅烧—沉积—光照还原法等工艺制备的 $g-C_3N_4/Ag/Ag_3PO_4$ 光催化剂，在光照 10min 时，对 RhB（模型污染物）的降解率达99.49%。

但是，目前光催化降解污染物的研究只停留在实验室阶段，仍未应用于实际的大规模污水处理，限制应用主要有两大因素：一是降解污染物效率高的半导体光催化剂不易回收利用，容易造成二次污染。例如许多纳米光催化剂比表面积大、密度小、亲水性强、光催化效率高[24,29-33]，但是在污水处理后难于回收再利用，需要将其固定到基板上或负载于载体上制备成膜再进行污水处理，经过固定或负载处理后的光催化剂的催化活性大幅度降低[34-35]。二是易回收利用的光催化剂降解污染物效率不高。例如常规粉体光催化剂的粒径大、密度大、比表面积小，与污染物接触概率变小，光催化效率低，即使可通过自沉降的方法进行回收，但也很难应用于大规模污水处理。

1.4　磁性光催化剂

目前，许多学者对兼具光催化性能和磁性性能的复合光催化剂很感兴趣[24,36-37]。一种是通过将磁性材料与高光催化性能的光催化剂复合，以形成磁性复合体光催化剂，通过此方法解决了光催化的回收问题，但这种方法需精准地控制每个磁性材料都得和光催化剂复合，大大提升了光降解污水的成本，且通过此方法会减少原高性能光催化剂的表面积，也会间接地降低光催化的效率。另一种方法是如果磁性材料本身具有光催化性能，就可以通过改性的方法提高光催化性能，也可使该磁性材料可应用于实际的污水处理，因此磁性光催化剂的研究具有很大潜力。

Fe$_3$O$_4$ 的磁性最强，但其稳定性很差，很容易和空气中的氧气发生反应，而且在反应过程中不可避免的高温反应很容易使 Fe$_3$O$_4$ 转化为没有磁性的 Fe$_2$O$_3$。另有研究表明，在高温环境下，光催化剂与 Fe$_3$O$_4$ 接触时，Fe^{3+} 会进入催化剂的晶体结构中，当大量的 Fe^{3+} 进入催化剂的晶体结构中时，会成为光生载流子的复合中心，降低催化剂的光催化活性。并且 Fe^{3+} 有可能与催化剂反应，生成不具有光催化活性的中间产物，因此 Fe$_3$O$_4$ 在光催化领域的应用受到很大限制。

相比之下，作为一类常见的磁性光催化材料，ZnFe$_2$O$_4$、NiFe$_2$O$_4$、CoFe$_2$O$_4$ 和 MnFe$_2$O$_4$ 等尖晶石型铁氧体却不易被空气中的氧气氧化，物理化学性能稳定，即使在高温环境下，其磁性和光催化性能也几乎不会发生变化，使其实际应用也就成为了可能，因此吸引了很多学者的眼球。例如，Shao 等人[38]将 ZnFe$_2$O$_4$ 和 ZnO 复合制备出 ZnFe$_2$O$_4$/ZnO 复合光催化剂，其光催化活性比单一的 ZnFe$_2$O$_4$ 和 ZnO 都有所提高，且通过外加磁场，使其很容易被回收，如图1-3 所示。

图1-3   催化剂在外加磁场作用下的回收

A—回收前；B—回收后

由于要将光催化剂大规模应用于污水处理，因此要尽量减少光催化的成本，然而由于 Co、Ni 铁氧体稀缺，以及锂离子电池的大量需求，致使其价格很高，且 CoFe$_2$O$_4$ 具有毒，也进一步限制了其应用。

1.5   ZnFe$_2$O$_4$ 的结构和特点

ZnFe$_2$O$_4$ 属于立方尖晶石晶体结构[39]。如图1-4 所示，O^{2-} 存在于四面体位（A）和八面体位（B）两种不同的间隙之间，其中四面体空隙由 4 个 O^{2-} 构成，称为 A 位，八面体空隙由 6 个 O^{2-} 构成，称为 B 位，共有 64 个 A 位及 32 个 B

位。Zn^{2+}（灰色球）位于四面体间隙中心，与 O^{2-}（白色球）之间以共价键相连。Fe^{3+}（黑色球）位于八面体间隙中心，与 O^{2-} 之间以离子键连接[40-41]。正是因为尖晶石晶体中存在着大量的共价键，所以具有尖晶石晶体结构的化合物的物理和化学性质非常稳定。ZnFe$_2$O$_4$ 禁带宽度窄（$E_g = 1.9\text{eV}$），在可见光下就可响应，物理化学性质稳定，通常情况下不会与酸碱发生反应[42]，并且原料丰富，合成工艺简单，相对其他磁性材料，具有无可比拟的优势。

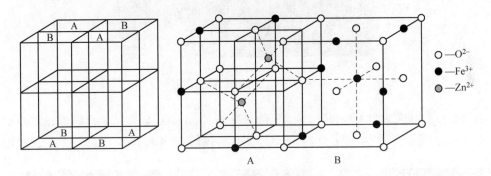

○—O^{2-}
●—Fe^{3+}
◐—Zn^{2+}

A   B

图 1-4   ZnFe$_2$O$_4$ 晶体结构

1.6   ZnFe$_2$O$_4$ 光催化剂的制备方法

1.6.1   共沉淀法

共沉淀法是指在溶液中含有两种或多种阳离子，它们以均相共同存在于溶液中，加入沉淀剂经沉淀反应后，可得到反应前驱物，再经过过滤、洗涤、干燥和煅烧处理，即可得到所制备的材料，它是制备含有两种及以上的金属元素复合氧化物的重要方法。

徐波等人[43]采用共沉淀法制备 ZnFe$_2$O$_4$ 纳米颗粒的方法为：将 10.8g FeCl$_3$·6H$_2$O 和 5.74g ZnSO$_4$·7H$_2$O 溶于 100mL 去离子水中，搅拌加热至 80℃时，逐滴加入 NaOH 溶液调节 pH 值至 11，搅拌 1h，随后洗涤、离心，将得到的红褐色沉淀物加入 15mL 无水乙醇中，超声 10min 后，再经 60℃干燥 10h 处理。将得到的前驱体分别置于 500℃，600℃，700℃ 和 800℃ 加热 4h，合成 ZnFe$_2$O$_4$ 纳米颗粒。图 1-5 是样品的 TEM 图，尺寸大小为 14～17nm，且粒度分布均匀，为单晶立方结构。

彭超等人[44]采用沉淀—焙烧法制备了 α-Fe$_2$O$_3$/ZnFe$_2$O$_4$ 异质光催化剂。合成方法为：将适量 0.1mol/L Fe$_2$(SO$_4$)$_3$·7H$_2$O 溶液加入 100mL 0.1mol/L ZnSO$_4$·7H$_2$O 溶液中，加入 5g 十二烷基硫酸钠，混合搅拌 1h，用氨水（1∶1）调节 pH 值到 8，搅拌 1h。沉淀物再经洗涤、离心，80℃干燥 12h。将得到的前驱体分别

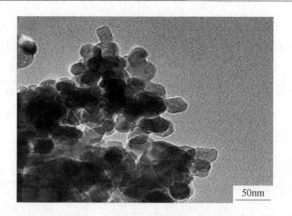

图 1-5   ZnFe$_2$O$_4$ 纳米颗粒 TEM 图[43]

在 700℃、800℃和 900℃煅烧 2h，得到 α-Fe$_2$O$_3$/ZnFe$_2$O$_4$ 异质结复合粉体。图 1-6 是不同煅烧温度所得 α-Fe$_2$O$_3$/ZnFe$_2$O$_4$ 复合粉体的 SEM 图。

(a)   (b)   (c)

图 1-6   不同煅烧温度所得 α-Fe$_2$O$_3$/ZnFe$_2$O$_4$ （1∶1）的 SEM 图[44]

(a) 700℃；(b) 800℃；(c) 900℃

1.6.2 水热法

水热法是指一种在密封的压力容器中，以水作为溶剂、粉体经溶解和再结晶的材料制备方法。

田志茗等人[45]采用水热法制备了 ZnFe$_2$O$_4$ 光催化剂样品。合成方法为：将 0.88g 乙酸锌、2.16g 三氯化铁和 3.00g 乙酸钠加入 60mL 乙二醇中，搅拌均匀后，将混合物溶液转移到聚四氟乙烯内衬里的高压釜中，在 180℃下保持 24h；反应结束后，洗涤干燥，再在 550℃下煅烧 5h，得到 ZnFe$_2$O$_4$ 粒子。由图 1-7 可以看出 ZnFe$_2$O$_4$ 的粒径约 460nm，样品显示出聚集，这是 ZnFe$_2$O$_4$ 粒子间的磁力作用引起的。

图 1-7　ZnFe$_2$O$_4$ 纳米粒子的 SEM 图[45]

　　Wei 等人[46]制备 ZnFe$_2$O$_4$ 纳米颗粒的方法为：将 1.616g Fe(NO$_3$)$_3$·9H$_2$O 和 0.595g Zn(NO$_3$)$_3$·6H$_2$O 溶于 40mL 乙烯中，再加入 4.08g CH$_3$COONa·3H$_2$O 作为沉淀剂。随后经超声 30min 后，磁化搅拌 4h。将得到的悬浮液转移到聚四氟乙烯内衬中，水热反应 180℃保持 15h，最后得到 ZnFe$_2$O$_4$ 纳米颗粒。由图 1-8 可以看出样品呈球体，粒径大小为 100nm，发生了明显的团聚现象。

图 1-8　ZnFe$_2$O$_4$ 纳米粒子的 SEM 图[48]

1.6.3　微波合成法

　　微波合成法是利用微波场作为热源，反应介质在特制的能通过微波场的耐压反应釜中进行反应，通过微波加热创造一个高温高压反应环境，使通常难溶或者不溶的物质溶解并且重结晶，再经过分离和热处理得到产物。

Choudhary 等人[47]采用微波合成法制备了 α-Fe$_2$O$_3$/ZnFe$_2$O$_4$/ZnO。制备方法为：取 4g 聚乙烯醇加入 0.2mol Fe(NO$_3$)$_3$·9H$_2$O 和 0.1mol ZnCl$_2$ 的混合溶液中，加热至 90℃，逐滴加入 NaOH 溶液调节 pH 值至 12，静置 2h，随后经洗涤、离心处理。将前驱体经 540W 微波处理 2min，得到 α-Fe$_2$O$_3$/ZnFe$_2$O$_4$/ZnO 三元复合粒子。图 1-9 是制备的 α-Fe$_2$O$_3$/ZnFe$_2$O$_4$/ZnO 的 SEM 图，由图可以看出样品粒径大小为 37nm，该复合粒子发生了严重的团聚，这是由于微波水热的加热速度过快所引起的。Tamaddona 等人[48]制备 ZnFe$_2$O$_4$@MC（MC 为甲基纤维素）的方法：以 1:2 的比例将 2.97g 的 Zn(NO$_3$)$_2$·6H$_2$O 和 8.06g 的 Fe(NO$_3$)$_3$·9H$_2$O 溶于 50mL 去离子水中。随后加入 1g MC，并加入氢氧化钠溶液伴随搅拌 60min，调节 pH 值至 13，再将悬浮液置于 550W 的微波中照射 15min，即可得到 ZnFe$_2$O$_4$@MC 粉末，样品的平均粒径大小为 22nm，但发生了明显的团聚、板结现象。

(a)　　　　　　　　　　　　　　　　　(b)

图 1-9　不同放大倍数的 α-Fe$_2$O$_3$/ZnFe$_2$O$_4$/ZnO SEM 图[48]

1.6.4　静电纺丝法

静电纺丝是一种特殊的纤维制造工艺，聚合物溶液或熔体在强电场中进行喷射纺丝，在强电场环境下，针头处的液滴会由球形变为圆锥形，并从圆锥尖端延展得到纤维细丝，这种方式可以生产出纳米级直径的聚合物细丝。

Sobahi 等人[49]采用静电纺丝法制备了 ZnFe$_2$O$_4$ 纳米粒子。制备方法为：在 N,N-二甲基甲酰胺（5mL）中分别加入 2mmol Fe(NO$_3$)$_3$·9H$_2$O、1mmol Zn(NO$_3$)$_3$·6H$_2$O 和 0.25mmol 的氯铂酸钠（Ⅳ），在剧烈搅拌下形成均匀的胶体。然后逐渐加入聚乙烯吡咯烷酮（2.5g），持续搅拌约 10h。将上述溶液加入静电纺丝装置中，其中纺丝溶液的流速为 0.5mL/h、电压为 17kV。最后，对纤维组装，550℃烧制 4h，得到 ZnFe$_2$O$_4$ 纳米粒子。付晓雨等人[50]利用静电纺丝法制备出 Zn(CH$_3$COO)$_2$/Fe(NO$_3$)$_3$/PVP 纳米纤维，再经过 600℃ 煅烧后成功合成 ZnFe$_2$O$_4$ 纳米纤维。图 1-10 是 Zn(CH$_3$COO)$_2$/Fe(NO$_3$)$_3$/PVP 和 ZnFe$_2$O$_4$ 纳米纤维的 SEM 图，由图可以看出样品单分散性良好，直径分布在 160 ~ 240nm 之间。

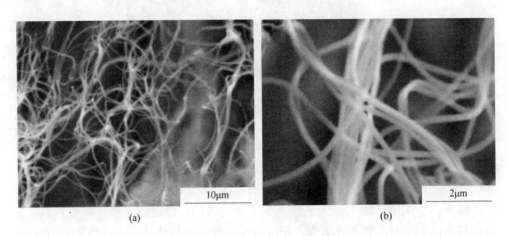

(a)　　　　　　　　　　　　　　　(b)

图 1-10　Zn(CH$_3$COO)$_2$/Fe(NO$_3$)$_3$/PVP 纳米纤维(a) 和
ZnFe$_2$O$_4$ 纳米纤维(b) 的 SEM 图[50]

1.6.5　溶胶－凝胶法

溶胶-凝胶法是用含高化学活性组分的化合物作前驱体，在液相下将这些原料均匀混合，发生水解、缩合反应，形成稳定、透明的溶胶体系，溶胶再经陈化，胶粒间缓慢聚合，形成具有三维网络结构的凝胶。凝胶经干燥、烧结可以制备出纳米级别的材料。

Xu 等人[51] 采用溶胶-凝胶法合成了 ZnFe$_2$O$_4$ 粒子。具体工艺为：将 Fe(NO$_3$)$_3$·9H$_2$O 和 Zn(NO$_3$)$_3$·6H$_2$O 按摩尔比 1∶2 加入 12.5mL 去离子水中。待溶液充分溶解后，加入 30mmol 柠檬酸持续搅拌 30min。随后逐滴加入氨水调整溶液的 pH 值至 5，在 80℃ 下搅拌约 30min，随后将混合液体转移到 120℃ 风干炉中干燥 2 天，最后在 600℃ 下煅烧 2h，合成 ZnFe$_2$O$_4$ 粒子。图 1-11 是所得样品的 SEM 图，ZnFe$_2$O$_4$ 粒径大小约为 250nm，单分散性良好。Xu 等人[52] 采用溶胶－凝胶法，以柠檬酸作为金属离子络合剂，在 90℃ 油浴加热蒸发水分得到凝胶，在 600℃ 煅烧 2h 后得到 ZnFe$_2$O$_4$ 纳米粒子。

1.6.6　模板剂法

模板剂法是利用模板剂为主体构型去控制、影响和修饰材料的形貌并控制尺

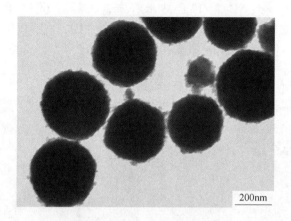

图 1-11　ZnFe₂O₄ 粒子的 SEM 图[52]

寸，进而决定材料性质的一种合成方法。

Li 等人[53]以酚醛树脂微球为模板剂，通过浸渍、煅烧的工艺制备了 ZnFe₂O₄ 空心纳米光催化剂。制备方法为：先以间苯二酚、福尔马林、氨水和乙醇为原料制备酚醛树脂微球。随后配制 20mL 含有 2mol/L Fe(NO₃)₃ 和 1mol/L Zn(NO₃)₂ 的混合溶液，将制备好的 0.5g 酚醛树脂微球加入上述混合溶液中，伴随超声波处理 15min，随后静置 3h，再经过滤、洗涤、干燥处理。把表面吸附有金属离子的酚醛树脂微球以 1℃/min 的升温速度加热至 650℃，保温 3h，即可得到 ZnFe₂O₄ 空心纳米光催化剂。图 1-12 是 ZnFe₂O₄ 空心纳米光催化剂的 SEM 和 TEM 图，可以看出样品呈球体，单分散性良好，粒径大小均匀，约 220nm，壳体厚度为 15nm，具有空心结构。

图 1-12　ZnFe₂O₄ 空心纳米球的 SEM 和 TEM 图
(a) 酚醛树脂微球的 SEM 图；(b) ZnFe₂O₄ 的 SEM 图；(c) ZnFe₂O₄ 的 TEM 图

Cao 等人[54]以聚乙烯吡咯烷酮、HCl 和 K₄Fe(CN)₆·3H₂O 为原料，通过水热法制备了方形有机碳化物 PB，再以 PB 为模板剂，采用浸渍、煅烧的工艺制备了

方形多孔的 $ZnFe_2O_4$ 空心纳米光催化剂，如图 1-13 所示，方形样品的粒径大小为 600nm，单分散性良好，具有空心结构。

图 1-13 样品的 SEM 和 TEM 图[54]

（a）（b）不同放大倍率下 PB 的 SEM 图；（c）$ZnFe_2O_4$ 的 SEM 图；（d）$ZnFe_2O_4$ 的 TEM 图

1.7 ZnFe₂O₄ 光催化剂改性途径

1.7.1 材料尺寸

随着材料粒径的减小，其光催化活性会有一定程度的提高，表现出特定的粒径效应[55]。

（1）量子尺寸效应。当纳米材料的尺寸小于 100nm 时，会具有与常规半导体不同的性质，称为"量子尺寸效应"。当粒子大小下降到一定值时，靠近费米能级的电子能级从准连续能级变为离散能级或不断扩大的能隙。此时，导带电势偏负，价带电势偏正，从而增加了光生电子和空穴的能量，增强了半导体光催化剂的氧化还原能力，提高了其光催化活性。

（2）表面积效应。首先，当粒径减小到纳米级时，光催化剂的比表面积会大幅度增加，表面原子数量也会大大增加，从而提高了光吸收效率，光催化剂表面光载流子浓度也会相应增加，从而提高了表面氧化还原反应效率。其次，随着粒径减小，比表面积增大，表面的键合态和电子态与内部不同。表面原子的不饱和配位导致表面活性位点的增加。因此，与大粒径粉末相比，其表面活性位点数更高，对底物的吸附能力增强，反应活性增加。此外，在光催化反应过程中，相同质量的光催化剂随着材料粒径变小，密度变小，材料的比表面积增大，增加了光催化剂与污染物的接触频率，提高了光降解反应效率[56]。

（3）载流子扩散效应。粒径对光生载流子的复合速率也有较大影响。对于纳米级半导体粒子，其粒径通常小于空间电荷层的厚度，空间电荷层的任何影响都可以忽略。粒子越小，光生电子从晶体扩散到表面的时间越短，粒子中电子和空穴复合的概率越低，光催化效率越高。

Li 等人[53]以酚醛树脂微球为模板剂，通过浸渍、煅烧的工艺制备了 ZnFe$_2$O$_4$ 空心纳米光催化剂。图 1-14 是 ZnFe$_2$O$_4$ 空心纳米光催化剂的 SEM 和 TEM 图，可以看出样品呈球体，单分散性良好，粒径大小均匀，约 220nm，壳体厚度为 15nm，具有空心结构。光降解实验表明，纳米 ZnFe$_2$O$_4$ 性能比传统方法制备的 ZnFe$_2$O$_4$ 相比，光催化性能提高了 160%，这主要归因于纳米 ZnFe$_2$O$_4$ 具有量子尺寸效应和表面积效应，提升了太阳光利用率，增加了与污染物接触频率。

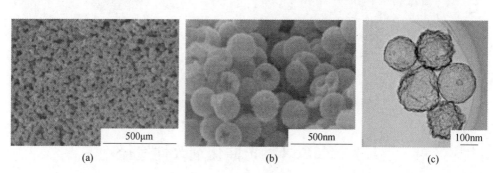

图 1-14   ZnFe$_2$O$_4$ 空心纳米光催化剂的 SEM 和 TEM 图
（a）（b）不同放大倍率下 ZnFe$_2$O$_4$ 的 SEM 图；（c）ZnFe$_2$O$_4$ 的 TEM 图

Silambarasu 等人[57]以甘氨酸为原料，采用微波辐射法和常规加热的方法合成了 ZnFe$_2$O$_4$ 纳米颗粒。所制备的样品如图 1-15 所示，其中（a）和（c）是采用微波辐射法合成的 ZnFe$_2$O$_4$ 纳米颗粒，其晶体尺寸为 17.92nm，（b）和（d）是常规加热方法制备的 ZnFe$_2$O$_4$ 纳米颗粒，其晶体尺寸为 25.45nm。光降解亚甲基蓝

（MB）的结果表明，采用微波辐射法合成的 ZnFe$_2$O$_4$ 纳米颗粒降解效率（91.43%）高于常规加热方法制备的 ZnFe$_2$O$_4$ 的降解效率（84.65%）。充分说明了采用微波辐射法合成的 ZnFe$_2$O$_4$ 纳米颗粒具有更小的粒径尺寸，更大的比表面积，提高了对 MB 的光催化降解性能。

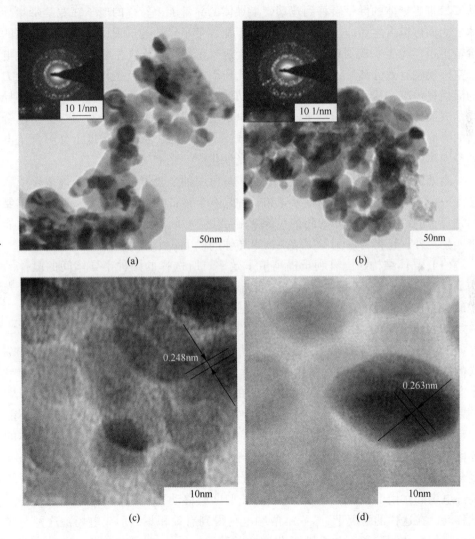

图 1-15　ZnFe$_2$O$_4$ 样品的 HRTEM 图[57]

（a）（c）微波辐照法合成的 ZnFe$_2$O$_4$；（b）（d）常规加热方法合成的 ZnFe$_2$O$_4$

1.7.2　半导体复合

　　半导体复合是指两种或多种半导体在界面处紧密复合。它主要是借助不同半导体材料的价带和导带的能带位置的不同，使复合体系中半导体光催化剂的光生电子和空穴发生有效分离。由于不同半导体固有的能带结构不同，从而形成的异质结结构也不同。当两种半导体进行复合，在光线照射下，首先低能带半导体被激发，由于宽禁带半导体的导带电位比窄禁带半导体的电位更正，光生电子可以从窄禁带半导体的导带转移到宽禁带半导体的导带上，转移的电子在宽禁带半导体的表面可以发生还原反应。另外，由于宽禁带半导体的价带比窄禁带半导体的价带更正，光生空穴则在窄禁带半导体上进行聚集，从而发生氧化反应。光生电子空穴发生有效分离后，各自再分别氧化还原中间产物后产生具有氧化还原能力的活性自由基，从而具有消除污染物的功能。此外，之前研究表明，载流子在异质结界面处的转移速率很迅速，通常比电子空穴复合速率低几个数量级，所以合适的异质结更易使电子空穴分离，延长载流子的寿命，从很大程度上又降低了电子空穴对的复合概率，从根本上提高了光催化剂的光催化效果。

高效的半导体复合组成的异质结通常是由两种窄禁带半导体复合而成，或者是由一种具有宽禁带结构的半导体和一种具有窄禁带的半导体复合，但尤为重要的是复合的两种半导体间的导带和价带相对位置必须匹配。除了复合半导体间能带匹配之外，还得考虑到异质结结构半导体的以下几个问题：

（1）晶体结构匹配有利于提高量子效率。所选择的两种半导体间的晶体结构最好要匹配，晶格的匹配有利于两种半导体界面处形成异质结，大大提高了光生载流子在界面处的迁移速率。

（2）具有不同类型的半导体间的组合有利于提高光生载流子的浓度。例如，当 n 型半导体和 p 型半导体进行复合，由于 n 型半导体的光生电子浓度远高于空穴的浓度，p 型半导体自由空穴的浓度远高于电子的浓度，因此在界面两侧的电子空穴形成很大的浓度差。这就促使其在界面处产生了多数载流子的扩散运动。随着扩散运动的进一步进行，在 n 区一侧出现了一层带正电的电荷区（这是不能移动的电荷）；而在 p 区一侧产生一层带负电的粒子区。因此，在复合半导体的界面处形成了强度很大的局部电场，方向由 n 型区域指向 p 型区域，这就是 p-n 复合半导体的整流作用。当 p-n 结受到光照，其电子和 h$^+$ 的数量激增，在 p-n 结局部电场的作用下，p 型区域的电子向 n 型区域移动，n 型区域的空穴向 p 型区域移动，在这样的情况下，p-n 结两端电荷得到有效积累，形成电场，这种形式的电场的存在，有利于电子和 h$^+$ 做定向的移动。

（3）合理的复合顺序和负载量有利于量子效率的提高。复合半导体的复合顺序决定着其对光能的利用率，按照宽能带的将窄能带的包裹起来，让波长最短的光被最外边的宽能带半导体所利用，波长较长的光能够透射进内部，让较窄能带半导体所利用，这样的配合具有较好的催化性能。但是还必须注意的是，当负载半导体的量较少时，所形成异质结半导体界面间的协同作用则不会明显改善半导体的光催化性能；但是当负载半导体的量过高时，因负载相半导体占据主体相催化剂的活性位点的缘故，也会使半导体催化活性降低。

近年来，人们对多种半导体与半导体异质结材料进行了合成和研究。Liu[58]利用模板剂，采用浸渍、煅烧的工艺制备了 ZnFe₂O₄-ZnO 复合空心纳米光催化剂。能带位置如图 1-16 所示，ZnFe₂O₄ 导带的电势高于 ZnO，ZnFe₂O₄ 价带电势低于 ZnO 价带电势，当 ZnFe₂O₄ 与 ZnO 复合，两种具有不同结构的半导体之间

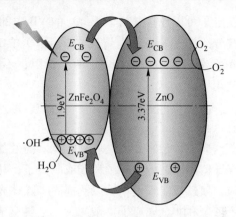

图 1-16　ZnFe₂O₄-ZnO 复合光催化剂
光降解机理

就会形成异质结，二者的能带发生有效的交叠，扩展了复合半导体的吸收波长范围。另外，由于 ZnFe₂O₄ 禁带宽度为 1.9eV，当可见光照射时，在 ZnFe₂O₄ 价带的电子就会被激发，依据 ZnFe₂O₄ 和 ZnO 二者的电势关系，被激发在导带 ZnFe₂O₄ 上的电子跃迁至 ZnO 的导带上，就会使两者的光生载流子得到有效的分离，提高 ZnFe₂O₄-ZnO 复合光催化剂光降解效率。

Nagajyothi 等人[59]通过水热法制备了 ZnFe₂O₄/MoS₂ 异质结复合物。优化后的 ZnFe₂O₄/MoS₂ 光催化剂的产氢率为 142.1μmol/(h·g)，是 ZnFe₂O₄ 光催化剂的 10.3 倍。光电化学结果表明，ZnFe₂O₄/MoS₂ 异质结显著降低了电子和空穴的复合，促进了有效的电荷转移。如图 1-17 所示，其光催化机理符合 Z-Scheme 体系。ZnFe₂O₄ 和 MoS₂ 在光照射下都能产生电子和空穴对，MoS₂ 的 CB 中的光激

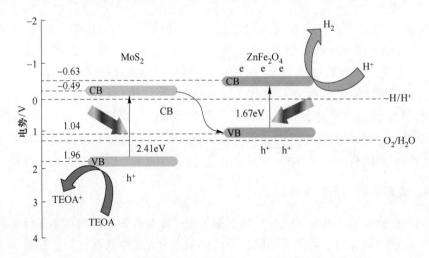

图 1-17　ZnFe₂O₄/MoS₂ 的 Z-Scheme 光化学机理[59]

发电子可以迁移并与 $ZnFe_2O_4$ 的 VB 中的空穴结合。此时，电子和空穴在空间上被分离，并最终分别聚集在 $ZnFe_2O_4$ 的 CB 和 MoS_2 的 VB 处。因此，$ZnFe_2O_4/MoS_2$ 异质结由于 $ZnFe_2O_4$ 的窄带隙，不仅可以扩大光吸收范围，还可以提高光利用率。

1.7.3　离子掺杂

离子掺杂半导体是一种常见、高效的制备光催化剂的方法，掺杂离子会替代半导体晶体结构中的阳离子或阴离子，从而在半导体禁带能级中引入新的杂质能级，使禁带能级变小，以此提高半导体光催化剂的量子效率。掺杂可分为金属离子掺杂和非金属离子掺杂两种。金属离子掺杂是将不同金属离子通过物理或化学的方法引入半导体晶格结构中，金属离子掺杂半导体后，能够在半导体光催化剂导带的下方产生一个受主能级或者在其价带上方产生一个施主能级，以致光激发光催化剂后，导带的电子不仅可以直接来自价带，也可以由因掺杂产生的施主能级进行跃迁，并且价带的电子也可以跃迁到半导体的受主能级，进而提高了半导体光催化剂对可见光的利用率。非金属离子掺杂是另一种拓宽半导体催化剂光响应范围的方法。大部分用于掺杂的非金属元素集中在元素周期表中 O 元素附近，如 F、N、S、C、B、P、I 及 N-F、N-C、N-S 等共掺杂。非金属元素主要是通过取代半导体光催化剂晶格结构中的氧空位的方式进而形成对半导体光催化剂的掺杂，掺杂可以使半导体光催化剂的禁带宽度变小，进而可以增加光催化剂对可见光的利用率。$ZnFe_2O_4$ 属于立方尖晶石晶体结构[39]，结构通式为 AB_2O_4，该结构金属离子掺杂更为有效和常见。金属离子掺杂可以取代 A 位或 B 位，改变 $ZnFe_2O_4$ 的禁带宽度，提高对光的吸收能力，引入捕获阱，使光生电子和空穴得到有效分离。

Nguyen 等人[60]采用共沉淀和煅烧的工艺制备了 x 为 0、0.01、0.03 和 0.05 的掺杂 $ZnNd_xFe_{2-x}O_4$ 铁氧体。$ZnNd_xFe_{2-x}O_4$ 铁氧体的 TEM 图如图 1-18 所示，$ZnFe_2O_4$ 晶粒大小为 22nm，添加 Nd^{3+} 的 x 为 0.03 时的晶粒大小为 12nm，两个样品所对应的禁带宽度分别为 1.75eV 和 1.42eV。光催化结果表明，$ZnNd_xFe_{2-x}O_4$ 在光照 210min 后对罗丹明 B（RhB）的降解效率可以达到 98%，而纯 $ZnFe_2O_4$ 降解效率仅为 49%，添加 Nd^{3+} 后铁氧体晶粒尺寸减小，禁带宽度减小，提高了光生电子和空穴的有效分离效率。

1.7.4　表面沉积纳米贵金属粒子

纳米贵金属粒子具有很强的局域表面等离子体共振效应。当在半导体表面负载纳米贵金属颗粒时，纳米贵金属粒子可以和入射光发生共振作用，在纳米贵金属粒子的特定部位发生强烈的电荷集聚和振荡，导致近场区域产生强烈的电磁

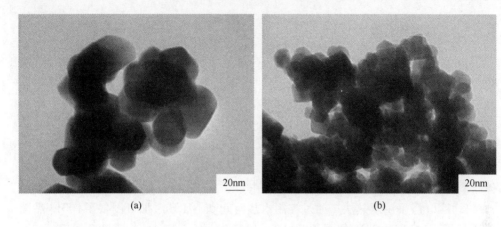

(a)   (b)

图 1-18 $ZnNd_xFe_{2-x}O_4$ 的 TEM 图[60]

(a) $x=0$;（b) $x=0.03$

场，这种局域场可以使入射的光能耦合进入金属颗粒及其周围空间，从而增强整个体系的光吸收、光转换与光传递效率，其能量增强效果可达 10^{14}。同时，沉积在半导体光催化剂表面的贵金属由于其费米能级普遍低于半导体光催化剂的费米能级，因此，由光激发所产生的电子因为能量最低理论会立即转移到贵金属的表面，电子在贵金属上的富集减少了半导体表面电子的浓度，从而减少了电子与空穴在半导体表面的复合。随后电子将贵金属表面吸附的氧化组分还原，而还原组分则被催化剂表面的光生 h^+ 氧化，从而避免了电子和 h^+ 的复合，有效地提高光催化剂的光活性。当金属沉积量较低时，随金属量的增加，金属对光催化的效果呈正效应。而当金属沉积量超过最佳范围时，随着数量的增加，金属呈负效应，过多的带有电子的金属微粒在半导体微粒上存在时容易使光生电子与空穴再复合。

    当前，在催化剂表面负载使用较多的金属主要有 Ag、Pt、Au、Pd 和 Nb 等，并且这方面的研究已经取得丰厚的成果。Liu 等人[61]采用水热法制备了负载 Ag 纳米粒子的 $Ag/ZnFe_2O_4$ 纳米复合材料。经 2h 光照处理，$Ag/ZnFe_2O_4$ 纳米复合材料对废水的处理效果达到 98.4%，而 $ZnFe_2O_4$ 纳米复合材料仅为 48.4%。光活性的提高归因于 Ag 具有局域表面等离子体共振效应，且 $ZnFe_2O_4$ 纳米粒子与 Ag 纳米粒子之间肖特基界面的成功形成，以及能带结构的改变增强了可见光区光吸收能力，进一步改善了光诱导载流子的分离和迁移，提高了光催化性能。Lee 等人[62]将 $ZnFe_2O_4$ 纳米颗粒与 Pt 纳米粒子简单混合，采用载体溶剂辅助界面反应法和多元醇法制备 $Pt/ZnFe_2O_4$ 纳米粒子，并在 $100mW/cm^2$ 的模拟阳光照射下降解 RhB，$Pt/ZnFe_2O_4$ 纳米粒子降解模拟污染物需 31s，而纯 $ZnFe_2O_4$ 纳米粒子需 25min，此结果揭示了 Pt 纳米粒子的耦合促进了 $ZnFe_2O_4$ 的电荷分离和 $HO_2\cdot$ 和 $HO\cdot$ 的产生。

1.7.5　晶体结构

对于具有多种晶相的半导体而言，不同晶相所对应的光催化剂的禁带宽度、化学稳定性和光催化活性都有很大的区别。同种晶体的结晶度对光催化性能的影响也非常明显。一般情况下，晶格的缺陷程度影响晶体的结晶度。当晶体的结晶度越高时，就说明其内部缺陷就越少，光电流的量子效率就越低。然而有时缺陷也是光生载流子的捕获剂，促使降低 h⁺ 和电子的复合概率，反而提高催化量子效率。因此在光催化剂制备过程中，不是仅寻找其一种极值情况，而是根据其具体材料的特性而对晶体的结晶度进行控制。

Li 等人[63]采用水热法，通过控制水热时间和 NH₄F 添加量制备了 $\{001\}$ 晶面 ZnFe₂O₄、$\{111\}$ 和 $\{001\}$ 晶面 ZnFe₂O₄、$\{111\}$ 晶面 ZnFe₂O₄ 暴露的 3 种 ZnFe₂O₄ 纳米材料。如图 1-19(a) 和 (d) 所示，ZFO(C) 纳米粒子粒径大小为 600nm，暴露 $\{001\}$ 晶面。如图 1-19(b) 和 (e) 所示，ZFO(T) 纳米粒子粒径大小为 700nm，暴露 $\{111\}$ 晶面和 $\{001\}$ 晶面。如图 1-19(c) 和 (f) 所示，ZFO(O) 纳米粒子粒径大小为 400nm，暴露 $\{111\}$ 晶面。通过对气态甲苯的光催化降解性能发现，其中同时暴露 $\{001\}$ 和 $\{111\}$ 晶面的八面体 ZnFe₂O₄(ZFO(T)) 纳米粒子表现出更好的性

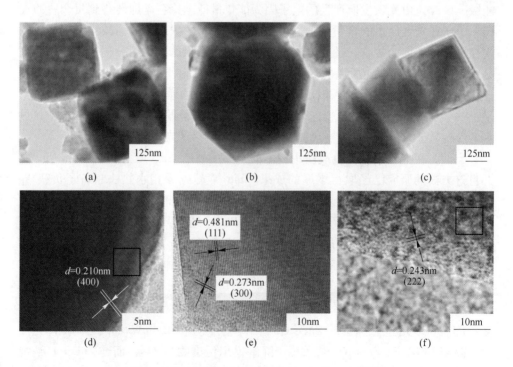

图 1-19　ZnFe₂O₄ 纳米粒子的 TEM 和 HRTEM 图[63]

(a)(d) ZFO(C)；(b)(e) ZFO(T)；(c)(f) ZFO(O)

能。{010}和{100}晶面之间形成的晶面结可以有效地分离光生电子空穴对，以降低它们的复合率，从而提高活性。

参 考 文 献

[1] WU Z, GUO S, KONG L H, et al. Doping [Ru (bpy)$_3$]$^{2+}$ into metal-organic framework to facilitate the separation and reuse of noble-metal photosensitizer during CO_2 photoreduction [J]. Chinese Journal of Catalysis, 2021, 42 (10): 1790-1797.

[2] LIU Z X, YU Q Q, LIU J, et al. Enhanced visible photocatalytic activity in flower-like CuO-WO_3-Bi_2WO_6 ternary hybrid through the cascadal electron transfer [J]. Micro & Nano Letters, 2017, 12 (3): 195-200.

[3] 夏爱清，邢翠娟，于玲，等. CoTPP-GO 纳米光敏剂的制备及对亚甲基蓝的降解性能研究 [J]. 化学研究与应用, 2021, 33 (5): 819-824.

[4] CAN D E, UGUR K, TUNCAY D, et al. Effect of Ag content on photocatalytic activity of Ag@ TiO_2/rGO hybrid photocatalysts [J]. Journal of Electronic Materials 2020, 49 (6): 3849-3859.

[5] ZHANG Y P, CAD P Y, ZHU X H, et al. Facile construction of BiOBr ultra-thin nano-roundels for dramatically enhancing photocatalytic activity [J]. Journal of Environmental Management, 2021, 299: 113636.

[6] WAN Y, DENG J, GU C, et al. Highly efficient photocatalytic hydrogen evolution based on conjugated molecular micro/nano-crystalline sheets [J]. Journal of Materials Chemistry A, 2021, 9 (4): 2120-2125.

[7] ZOU L, WANG H R, JIANG X Y, et al. Enhanced photocatalytic efficiency in degrading organic dyes by coupling CdS nanowires with $ZnFe_2O_4$ nanoparticles [J]. Solar Energy, 2020, 195: 271-277.

[8] LIU T R, QIAN J C, WANG C C. Enhanced photocatalytic degradation performance of mono-disperse ZnS nano-flake on biocarbon sheets [J]. Inorganic Chemistry Communications, 2020, 119: 108142.

[9] REZA S, ZAMANI P M. Continuous photocatalytic set-up assisted with nano TiO_2 plate for tannery waste water treatment [J]. Water Science and Technology, 2021, 83 (11): 2732-2743.

[10] LI Q. Preparation of nano-TiO_2 by waste clay bricks and photocatalytic effect on concrete [J]. Emerging Materials Research, 2020, 9 (3): 839-850.

[11] ZHANG Z Y, HU L X, ZHANG H. Large-sized nano-TiO_2/SiO_2 mesoporous nanofilmconstructed macroporous photocatalysts with excellent photocatalytic performance [J]. Frontiers of Materials Science, 2020, 14 (2): 163-176.

[12] HUSSAIN S, HUSSAIN S, WALEED A, et al. Spray pyrolysis deposition of $ZnFe_2O_4$/Fe_2O_3 composite thin films on hierarchical 3-D nanospikes for efficient photoelectrochemical oxidation of water [J]. Journal of Physical Chemistry C, 2017, 121 (34): 18360-18368.

［13］ZHANG X, LIN B, LI X, et al. MOF-derived magnetically recoverable Z-scheme ZnFe₂O₄/ Fe₂O₃ perforated nanotube for efficient photocatalytic ciprofloxacin removal ［J］. Chemical Engineering Journal, 2022, 430: 132728.

［14］ABDOLHOSEINZADEH A, SHEIBANI S. Enhanced photocatalytic performance of Cu₂O nano-photocatalyst powder modified by ball milling and ZnO ［J］. Advanced Powder Technology, 2020, 31 (1): 40-50.

［15］NIE M, LIAO J, CAI H, et al. Photocatalytic property of silver enhanced Ag/ZnO composite catalyst ［J］. Chemical Physics Letters, 2021, 768: 138394.

［16］SHANKAR S, NAVEEN K, PETER M, et al. TiO₂/SnO₂ nano-composite: New insights in synthetic, structural, optical and photocatalytic aspects ［J］. Inorganica Chimica Acta, 2021, 529: 120640.

［17］XU Y, ZANG X W, ZANG Y, et al. Nano flake Ag₃PO₄ enhanced photocatalytic activity of bisphenol A under visible light irradiation ［J］. Colloid and Interface Science Communications, 2020, 37: 100277.

［18］LIU X Y, XU J, MA L J. Nano-flower S-scheme heterojunction NiAl-LDH/MoS₂ for enhancing photocatalytic hydrogen production ［J］. New Journal of Chemistry, 2021, 46 (1): 228-238.

［19］ALI S M, HUSSEIN E H, DAKHIL O A A. Photocatalytic activity of ZnO/NiO nano-heterojunction synthesized by modified-chemical bath deposition ［J］. Nano Futures, 2021, 5 (3): 035001.

［20］ALI S M, DAKHIL O A A, HUSSEIN E H. Modified hydrothermal preparation of ZnO/NiO nano-heterojunction for enhancement of photocatalytic activity ［J］. Acta Physica Polonica A, 2022, 140 (4): 327-331.

［21］DRAZ M A, EI-MAGHRABI H H, SDLIMAN F S, et al. Large scale hybrid magnetic ZnFe₂O₄/TiO₂ nanocomposite with highly photocatalytic activity for water splitting ［J］. Journal of Nanoparticle Research, 2021, 23 (1): 10.

［22］TAGHANAKI N S, KERAMATI N, GHAZI M Mohsen. Photocatalytic degradation of ethylbenzene by nano photocatalyst in aerogel form based on titania ［J］. Iranian Journal of Chemistry & Chemical Engineering, 2021, 40 (2): 525-537.

［23］WANG B L, YU F C, LI H S, et al. The preparation and photocatalytic properties of Na doped ZnO porous film composited with Ag nano-sheets ［J］. Physica E: Low-dimensional Systems and Nanostructures, 2020, (117): 113712.

［24］JARUSHEH H S, YUSUF A, BANAT F, et al. Integrated photocatalytic technologies in water treatment using ferrites nanoparticles ［J］. Journal of Environmental Chemical Engineering, 2022, 10 (5): 108204.

［25］KHIARI M, GILLIOT M, LEJEUNE M, et al. Effects of Ag nanoparticles on zinc oxide photocatalytic performance ［J］. Coatings, 2021, 11 (4): 400.

［26］CHEN W J, HSU K C, FANG T H, et al. Structural, optical characterization and photocatalytic behavior of Ag/TiO₂ nanofibers ［J］. Digest Journal of Nanomaterials and Biostructures, 2021, 16 (4): 1227-1234.

[27] 张先盼, 罗秋霞, 严小琴, 等. $Fe_3O_4@Ag_3PO_4/AgCl$ 光催化剂的制备及光降解性能研究 [J]. 工业水处理, 2021 (8): 81-86.

[28] 汤春妮, 刘恩周. $g-C_3N_4/Ag/Ag_3PO_4$ 复合物的制备及其光催化性能 [J]. 现代化工, 2020 (11): 144-149.

[29] GUO Z, HUANG C, CHEN Y. Experimental study on photocatalytic degradation eflciency of mixed crystal nano-TiO_2 concrete [J]. Nanotechnology Reviews, 2020, 9 (1): 219-229.

[30] JIANG Z, XIAO C, YIN X, et al. Facile preparation of a novel $Bi_{24}O_{31}Br_{10}$/nano-ZnO composite photocatalyst with enhanced visible light photocatalytic ability [J]. Ceramics International, 2020, 46 (8): 10771-10778.

[31] RODRÍGUEZ J M D, MELIÁN E P. Nano-photocatalytic materials: Possibilities and challenges [J]. Nanomaterials, 2021 (11): 668.

[32] DIN M I, NAJEEB J, HUSSAIN Z, et al. Biogenic scale up synthesis of ZnO nano-flowers with superior nano-photocatalytic performance [J]. Inorganic and Nano-Metal Chemistry, 2020, 50: 613-619.

[33] WANG Y, XIN F, DENG Y I, et al. Nano-Zn_2SnO_4/Reduced Graphene Oxide Composites for enhanced photocatalytic performance [J]. Materials Chemistry and Physics, 2020, 254: 123505.

[34] CUI Y, ZHENG J, WANG Z, et al. Magnetic induced fabrication of core-shell structure Fe_3O_4 @ TiO_2 photocatalytic membrane: Enhancing photocatalytic degradation of tetracycline and antifouling performance [J]. Journal of Environmental Chemical Engineering, 2021, 9 (6): 106666.

[35] JABBAR Z H R, EBRAHIM S E. Synthesis, characterization, and photocatalytic degradation activity of core/shell magnetic nanocomposites ($Fe_3O_4@SiO_2@Ag_2WO_4@Ag_2S$) under visible light irradiation [J]. Optical Materials, 2021, 122: 111818.

[36] LASSOUED A, LI J. Structure and optical, magnetic and photocatalytic properties of Cr^{3+} substituted zinc nano-ferrites [J]. Journal of Molecular Structure, 2022, 1262: 133021.

[37] 李晓微, 张雷, 邢其鑫, 等. 磁性 $NiFe_2O_4$ 基复合材料的构筑及光催化应用 [J]. 化学进展, 2022, 34 (4): 950-962.

[38] SHAO R, SUN L, TANG L Q, et al. Preparation and characterization of magnetic core-shell $ZnFe_2O_4@ZnO$ nanoparticles andtheir application for the photodegradation of methylene blue [J]. Chemical Engineering Journal, 2013, 217: 185-191.

[39] MUTHUSAMY A, JAWAHAR V, KANNAPIRAN N, et al. Preparation, electrical and magnetic properties of poly (m-phenylenediamine) /$ZnFe_2O_4$ nanocomposites [J]. Journal of Superconductivity & Novel Magnetism, 2018, 31 (2): 497-504.

[40] 赵爽, 高林, 任百祥, 等. 光催化剂纳米 $ZnFe_2O_4$ 制备方法研究进展 [J]. 化工新型材料, 2021, 49 (11): 258-262.

[41] 许文锋, 孙磊, 袁向娟, 等. 纳米铁酸锌的制备及其在水处理中的应用 [J]. 水处理技术, 2020, 46 (7): 6-11.

[42] 杨金林, 刘继光, 肖汉新, 等. 锌冶金中铁酸锌研究概述 [J]. 矿产综合利用, 2017

（6）：13-19.

[43] 徐波，朱城荣，曹伟. 共沉淀法合成 ZnFe₂O₄ 纳米颗粒及其电磁性能研究 [J]. 功能材料，2015，46（1）：1121-1124.

[44] 彭超，吴照金. α-Fe₂O₃/ZnFe₂O₄ 复合粉体制备及其光催化降解亚甲基蓝 [J]. 过程工程学报，2016，16（5）：882-888.

[45] 田志茗，常悦. ZnFe₂O₄/SBA-15 制备及光催化降解亚甲基蓝 [J]. 环境科学与技术，2021，44（5）：76-82.

[46] WEI P, YIN S, ZHOU T, et al. Rational design of Z-scheme ZnFe₂O₄/Ag@ Ag₂CO₃ hybrid with enhanced photocatalytic activity, stability and recovery performance for tetracycline degradation [J]. Separation and Purification Technology, 2021, 266: 118544.

[47] CHOUDHARY S, BISHT A, MOHAPATRA S. Microwave-assisted synthesis of alpha-Fe₂O₃/ZnFe₂O₄/ZnO ternary hybrid nanostructures for photocatalytic applications [J]. Ceramics International, 2021, 47（3）: 3833-3841.

[48] TAMADDONA F, MOSSLEMIN M H, ASADIPOUR A. Microwave-assisted preparation of ZnFe₂O₄@ methyl cellulose as a new nano-biomagnetic photocatalyst for photodegradation of metronidazole [J]. International Journal of Biological Macromolecules, 2020, 154: 1036-1049.

[49] SOBAHI T, AMIN M. Synthesis of ZnO/ZnFe₂O₄/Pt nanoparticles heterojunction photocatalysts with superior photocatalytic activity [J]. Cramics International, 2020, 46（3）: 3558-3564.

[50] 付晓雨，毕菲，周倍汇，等. ZnFe₂O₄ 非均相光芬顿催化剂的制备及性能研究 [J]. 化学研究与应用，2022，34（7）：1620-1625.

[51] XU X, XIAO L, JIA Y, et al. Strong visible light photocatalytic activity of magnetically recyclable sol-gel-synthesized ZnFe₂O₄ for rhodamine B degradation [J]. Journal of Electronic Materials, 2018, 47: 536-541.

[52] XU Y, LIU Q, LIU C, et al. Visible-light-driven Ag/AgBr/ZnFe₂O₄ composites with excellent photocatalytic activity for *E. coli* disinfection and organic pollutant degradation [J]. Journal of Colloid and Interface Science, 2018, 512: 555-566.

[53] LI J, LIU Z, ZHU Z. Magnetically separable ZnFe₂O₄, Fe₂O₃/ZnFe₂O₄ and ZnO/ZnFe₂O₄ hollow nanospheres with enhanced visible photocatalytic properties [J]. RSC Advances, 2014, 4（93）: 51302-51308.

[54] CAO Y, LEI X, CHEN Q, et al. Enhanced photocatalytic degradation of tetracycline hydrochloride by novel porous hollow cube ZnFe₂O₄ [J]. Journal of Photochemistry & Photobiology A: Chemistry, 2018, 364: 794-800.

[55] WANG S, DING Z, CHANG X, et al. Modified nano-TiO₂ based composites for environmental photocatalytic applications [J]. Catalysts, 2020, 10（7）: 759.

[56] 王佳赫，刘大勇，刘伟，等. 纳米 TiO₂ 光催化抗菌应用的研究进展 [J]. 应用化学，2022，39（4）：629-646.

[57] SILAMBARASU A, MANIKANDAN A, BALAKRISHNAN K. Room-temperature superparamagnetism and enhanced photocatalytic activity of magnetically reusable spinel ZnFe₂O₄

nanocatalysts [J]. Journal of Superconductivity and Novel Magnetism, 2017, 30 (9): 2631-2640.

[58] LIU Z X. Magnetically recycling Ag-modified $ZnFe_2O_4$ based hollow nanostructures with enhanced visible photocatalytic activity [J]. Chemical Physics Letters, 2022, 809: 140145.

[59] NAGAJYOTHI P C, DEVARAYAPALLI K C, JAESOOL S, et al. Highly efficient white-LED-light-driven photocatalytic hydrogen production using highly crystalline $ZnFe_2O_4/MoS_2$ nanocomposites [J]. International Journal of Hydrogen Energy, 2020, 45 (57): 32756-32769.

[60] NGUYEN L T T, NGUYEN H T T, LE T H, et al. Enhanced photocatalytic activity of spherical Nd^{3+} substituted $ZnFe_2O_4$ nanoparticles [J]. Materials, 2021, 14 (8): 2054.

[61] LIU T Y, WANG C X, WANG W, et al. The enhanced properties in photocatalytic wastewater treatment: Sulfanilamide (SAM) photodegradation and Cr^{6+} photoreduction on magnetic Ag/$ZnFe_2O_4$ nanoarchitectures [J]. Journal of Alloys and Compounds, 2021, 867: 159085.

[62] LEE K T, CHUAH X F, CHENG Y C, et al. Pt coupled $ZnFe_2O_4$ nanocrystals as a breakthrough photocatalyst for Fenton-like processes-photodegradation treatments from hours to seconds [J]. Journal of Materials Chemistry A, 2015, 3 (36): 18578-18585.

[63] LI J N, LI X Y, YIN Z F, et al. Synergetic Effect of Facet Junction and Specific Facet Activation of $ZnFe_2O_4$ Nanoparticles on Photocatalytic Activity Improvement [J]. ACS Applied Materials & Interfaces, 2019, 11: 29004-29013.

2 酚醛树脂微球的制备和表征

2.1 引　言

空心纳米材料由于具有高的比表面积和低密度等特点，现在已经广泛地应用在催化、药物传输、电学元件和太阳能电池方面，与所对应的粉体材料相对比，其物理化学性能都有所提升。目前，有许多方法制备空心材料，例如模板法、气泡法和微乳液法，其中模板法是最高效的方法之一。空心纳米材料的物理化学性质、功能和应用主要受其模板剂的结构、形貌、粒径、比表面积和表面电荷的影响。酚醛树脂微球因具有高的比表面积、低密度、高强度、强的吸附力、优越的热和化学稳定性等显著的物理、化学性能而受到广泛的关注。具有纳米结构的酚醛树脂微球，尤其是以苯类树脂为原料制备的酚醛树脂微球，因其制备工艺简单、具有丰富的表面官能团和大小容易控制等优点，使其在细胞载体、细胞靶向和生物成像等生物化学方面展示了很好的生物适应性，并且它还有许多其他方面的应用，如在吸附剂、超级电容、锂离子电池电极、药物运输和催化剂载体方面都引起了广泛的关注[1-3]。以苯类材料为原料所制备的空心纳米球将是一类十分有前景的智能材料。

虽然目前存在很多方法可以制备酚醛树脂微球，但是能以苯类有机物为原料，且能精确控制其粒径大小和使其具有良好单分散性的方法却很少见到[4]。利用溶胶－凝胶法制备的二氧化硅（微孔二氧化硅和介孔二氧化硅颗粒），其球体表面光滑、粒径分布窄且易控制。根据有机物水解反应机理，间苯二酚和甲醛的反应原理类似于二氧化硅水解和缩聚过程，并且它们的合成条件相同，如二氧化硅和酚醛树脂微球都是在酸性或碱性的条件下，经水解、缩聚的过程合成[5]。因此，本章利用溶胶－凝胶法制备出酚醛树脂微球（后文简称为 PFS），并且讨论了醇/水比、醇的种类、水浴温度、反应物和氨水添加量对酚醛树脂微球粒径和形貌的影响，并通过 FTIR 对所制备出的酚醛树脂微球样品的官能团进行表征。

2.2 实　验　部　分

2.2.1　试剂和仪器

实验所需试剂有间苯二酚（$C_6H_4(OH)_2$，99.5%，天津市盛奥化学试剂有限公司）、福尔马林（CH_2O，AR，成都市新都区木兰镇工业开发区）、氨水（NH_3，AR，郑州派尼化学试剂厂）、无水乙醇（EtOH，99.7%，西安化学试剂厂），实验中所用的水均为去离子水。

实验所用仪器见表2-1。

表2-1 实验所用仪器

仪 器	型 号	厂 家
电子天平	MP200B	上海精密科学仪器有限公司
水浴锅	DF-101S	巩义市予华仪器有限责任公司
高速台式离心机	GT10-1	北京时代北利离心机有限公司
真空干燥箱	DZF-1AS	北京科伟永兴仪器有限公司
数控超声清洗机	KQ-300DE	昆山市超声仪器有限公司

2.2.2 酚醛树脂微球的制备

将20mL去离子水、8mL乙醇和0.1mL氨水溶液混合，然后置于30℃的水浴锅中。搅拌1h后，加入0.2g间苯二酚。搅拌0.5h后，再加入0.28mL甲醛溶液，水浴搅拌12h后，将溶液转移到聚四氟乙烯内衬中，在水热100℃下，保温24h。反应结束后，所得溶液呈浑浊的红棕色，略带有乙醇的气味，用无水乙醇和去离子水分别冲洗、离心3次，在50℃下干燥48h。

实验按化学计量比混合间苯二酚和甲醛溶液，通过调整醇/水比、醇的种类、水浴温度、反应物和氨水的添加量，研究其对酚醛树脂微球形貌和粒径大小的影响。

2.2.3 样品的分析与表征

测试用Philips XL 30 series扫描电子显微镜（SEM）对所制备样品的形貌进行表征，用Nano-ZS粉末粒度仪（DLS）对微球的粒径大小及粒径分布进行测定，用Bruker V70型红外光谱仪（FTIR）对酚醛树脂微球中所含官能团进行分析。

2.3 实验结果分析

2.3.1 酚醛树脂微球形成机理

利用溶胶－凝胶法制备二氧化硅微球的工艺已经很成熟，首先是将原料分散在溶剂中，通过相应的工艺过程，前驱体经水解反应生成活性单体，活性单体再进行聚合，开始时形成溶胶，进一步生成具有一定空间结构的凝胶，再经过干燥和热处理过程，制备出相应的产物。而制备PFS微球的过程如图2-1所示，可以简化为以下几个环节：第一步，由于氨水、乙醇、反应物和水分子间氢键的相互作用而形成稳定的微乳液滴；第二步，间苯二酚与福尔马林快速地形成大量的低聚羟甲基酚化合物，羟基取代物质占据着微乳液的表面，由于氨水的存在，溶液中的 OH‾ 有利于酚羟基电离成为负离子，使酚的亲核性得到强化，促使其邻位和对位的活性增加，进而使羟甲基酚化合物生成速率加快，也加速了交联反应的发生，从而形成 PFS 球[6-8]。

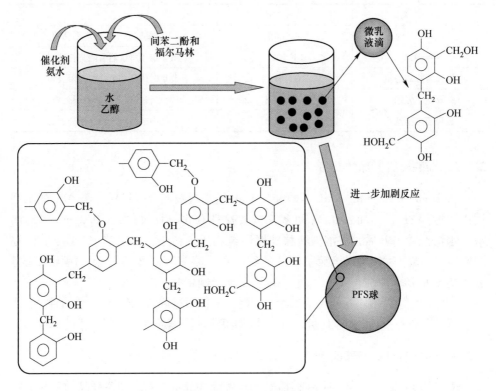

图 2-1　PFS 球的形成机理

上述过程主要发生以下几个反应：

（1）间苯二酚与甲醛间的加成反应。在碱性催化剂存在之下，间苯二酚首先与甲醛发生加成反应生成羟甲基酚。由于酚羟基的影响，使酚核上的邻位和一个对位活化。当这些活性位置受到甲醛的进攻时，生成邻位或对位的羟甲基酚：

$$\text{（化学反应式）} \tag{2-1}$$

羟甲基酚还可继续与甲醛发生加成反应，进而生成二羟甲基酚或三羟甲基酚（加成反应产物是一羟甲基酚和多羟甲基酚的混合物）：

$$\text{(2-2)}$$

（2）羟甲基酚间的缩聚反应。这些羟甲基酚与间苯二酚作用或相互之间发生缩聚反应生成线型结构的酚醛树脂：

$$\text{(2-3)}$$

$$\text{(2-4)}$$

（3）PFS 球的形成。反应过程中，酚醛树脂可以分子内脱水，也可以分子间脱水。因此可以形成小的碳球累计直接长大，也可以是形成若干碳球然后累计，当碳球长到一定大小后，是熟化过程，形成规则、表面光滑的 PFS 球，如图 2-2 所示。

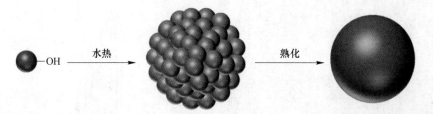

图 2-2　PFS 球的形成

在反应体系中，NH_4^+ 不仅加剧 PFS 球聚合反应，而且提供的阳离子黏附在 PFS 球的表面，对球体的聚合有一定的抑制作用，促使进一步形成粒径均匀的球体。PFS 球的形成机理如图 2-1 所示。

2.3.2 分散介质乙醇/水的比例

图 2-3 为通过控制不同乙醇/水（体积比）的添加量，所得到 PFS 微球扫描照片和动态光散射粒径分布柱状图。图 2-3(a) 为乙醇/水比为 8mL/20mL 所得

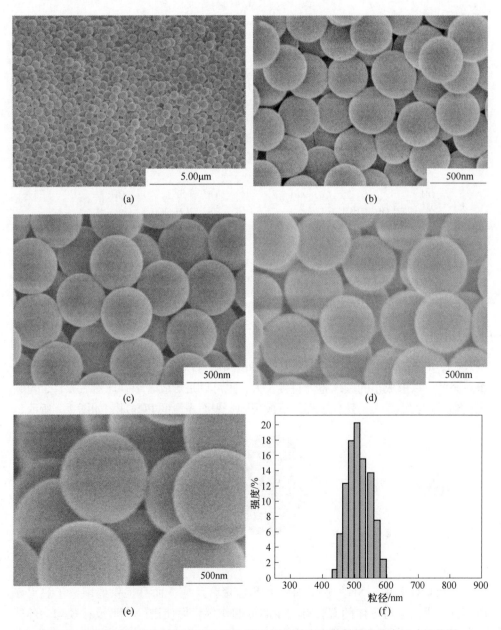

图 2-3　不同乙醇/水比制备出 PFS 球的 SEM 图和动态光散射粒径分布尺寸柱状图

到的 PFS 球的 SEM 图片，可以看出 PFS 球表面光滑，均呈规则的圆球形，且粒径均匀，微球互不粘连，单分散性好。图 2-3(f) 是在与图 2-3(a) 相同条件下制备的 PFS 颗粒分散在水中，利用激光粒度分析仪所得的平均粒径为 510nm 的动态光散射按体积分布尺寸柱状图。由图 2-3(f) 可以看出，样品颗粒尺寸分布很窄，仪器测得的多分散指数（polydispersity）为 0.018，说明 PFS 球的粒径分布较窄，这与 SEM 图表征结果相一致。

图 2-3(b)(c)(d)(e) 分别为乙醇/水比为 0mL/28mL、4mL/24mL、8mL/20mL、12mL/16mL 所得的 PFS 球的 SEM 图，它们平均粒径大小分别为 370nm、430nm、510nm、800nm。结果表明在一定范围内时，随着乙醇/水比值的增加，所得 PFS 球的粒径变大。在只考虑醇/水对形成 PFS 球的影响时，通过 SEM 图可以看出，所得 PFS 球的形状规则、粒径大小均匀，且球体表面光滑。因此在一定范围内，醇/水比只改变粒径大小，不改变粒径分布的均一性。反应生成的酚醛聚合物在水和醇中的溶解度都不大，但是更易溶解于乙醇中，随着乙醇含量的增加，体系中的酚醛聚合物的分散性更好，从而增大了酚醛聚合物与间苯二酚和甲醛的接触面积即碰撞概率，加速了体系的化学反应速率。而且水解反应是可逆的，水是酚醛树脂的水解产物，对水解反应有抑制作用。因此，乙醇的加入使缩聚反应的反应物的浓度变大，加快了缩聚速率。同时，单位体积内缩聚反应形成的小粒子簇的数目变多，因而相互交联形成大粒子簇的概率变大，从而整体粒径有变大的趋势。

2.3.3　不同种类醇的影响

图 2-4 是使用不同种类的醇所得产物 PFS 球的扫描照片。图 2-4(a)(b)(c) 所对应使用的分散剂分别为甲醇、乙醇和丙醇，它们平均粒径大小分别约为 450nm、510nm、1050nm。由图可以看出 PFS 微球表面光滑，均呈规则的圆球形，粒径均匀，且微球相互不粘连，单分散性较好。由结果可以看出，随着醇烷链的增长，所得 PFS 球的粒径变大。由于氨水、醇、PFS 前驱物和水分子间氢键的相

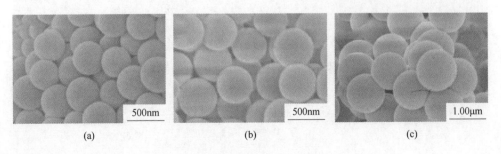

图 2-4　不同种类醇所得 PFS 球的 SEM 图
(a) 甲醇；(b) 乙醇；(c) 丙醇

互作用力而形成稳定的微乳液滴，醇类化合物主要起微乳液中溶剂的作用，当醇的相对分子质量增大，体系的黏度随之变大，致使微乳液滴的表面张力变大，进一步促使更大粒径的微乳液的形成。

2.3.4　氨水的影响

　　图 2-5 是使用不同添加量的氨水进行实验后所得产物 PFS 球的扫描照片。图 2-5 中（b）（c）（d）的平均粒径分别约为 510nm、550nm、740nm，其中图 2-5（a）所示样品发生畸变。由结论可推测，在一定范围内，当氨水浓度变大时，PFS 球的粒径变大。其原因是氨水作为合成酚醛树脂的催化剂，溶液中的 OH⁻ 有利于酚羟基电离成为负离子，使酚的亲核性得到强化，促使其邻位和对位的活性增加，进而使羟甲基酚化合物生成速率加快。当氨水的量越大时，活化的酚羟基负离子数量越多，加快了酚醛树脂的加成和缩聚速率，也加剧了小粒子低聚物的缩聚，从而使整体粒径变大。然而当氨水的浓度过低时，只能使少量的酚羟基活化，因此得到的 PFS 球的粒径的分布范围较宽。

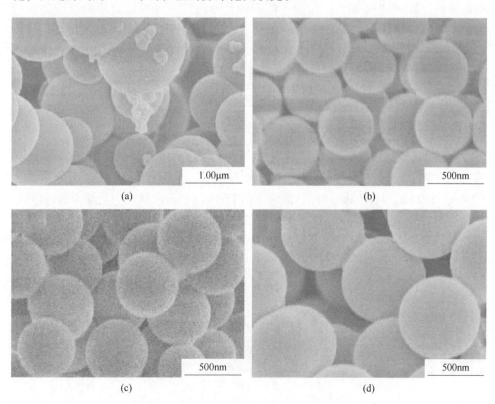

图 2-5　不同氨水用量所制备的 PFS 球 SEM 图

（a）0.05mL；（b）0.1mL；（c）0.2mL；（d）0.4mL

2.3.5 反应物用量的影响

图 2-6 是通过调节不同反应物（间苯二酚）添加量而得到 PFS 球的扫描照片。图 2-6(a)(b)(c) 对应的平均粒径大小分别约为 440nm、510nm、520nm。由结果可推测，在一定范围内，当前驱物的浓度增加时，PFS 球的粒径变大。反应物的浓度直接影响单位体积内反应分子数，从而进一步直接影响反应速度。增大浓度即增大单位体积内反应物分子数，其中活化分子数也相应增大，促使单位时间内的有效碰撞次数增多，使反应速率加快，进而使反应得到的 PFS 球粒径变大。

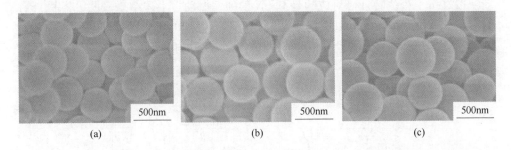

图 2-6　不同反应物（间苯二酚）添加量所制备的 PFS 球 SEM
(a) 0.1g；(b) 0.2g；(c) 0.3g

2.3.6 水浴温度的影响

图 2-7 是研究不同水浴温度对产物 PFS 球影响的扫描照片。由图可推测，当反应温度过高或过低时，所得到的 PFS 球粒径分布不均，伴随着畸变和团聚现象的发生。当反应物混合的同时，化学反应即开始。在低温下，即使有催化剂存在反应仍进行得很缓慢，所以达到反应的平衡状态，即达到一定的聚合度所需时间将会很长。在水浴温度高的情况下，部分低聚合度的酚醛树脂活性很高，会使球体发生二次团聚现象，因此粒径分布范围较宽。

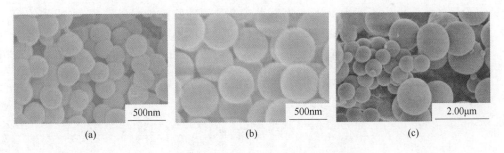

图 2-7　不同水浴温度制备的 PFS 球扫描照片
(a) 15℃；(b) 30℃；(c) 60℃

2.3.7 红外分析

图 2-8 是在水浴温度 30℃，水热 100℃，间苯二酚用量 0.2g，乙醇/水比 8mL/20mL，氨水量为 0.1mL 条件下进行实验，所得产物 PFS 球的红外光谱图。从 PFS 微球的红外光谱中可以得出，1475cm^{-1} 处的特征峰为芳烃 C=C 伸缩振动。3414cm^{-1} 处的特征峰为 OH 与别的分子间形成氢键而引起的振动，另外在 1000～1300cm^{-1} 范围内的峰对应为 C—OH 拉伸振动和 O—H 的弯曲振动。844cm^{-1} 和 1615cm^{-1} 处的特征峰分别对应的是伯胺中 N—H 扭曲振动和变形振动。1221cm^{-1} 处的特征峰对应的是 C—N 的伸缩振动。上述结果表明 PFS 微球含有大量的含氧官能团和氨基官能团，提高了 PFS 微球的亲水性和在水溶液中的稳定性，这使得 PFS 微球在生物化学、药物传输等领域有着潜在的应用。

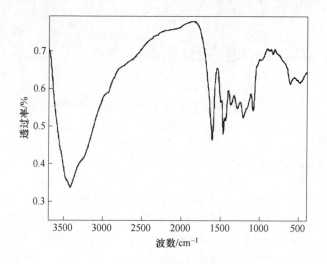

图 2-8 PFS 球红外光谱图

本章采用溶胶－凝胶法非常简便地合成单分散性好、粒径可控的 PFS 微球。实验最佳水浴反应温度为 30℃，当氨水或 PFS 反应物添加量、乙醇/水或醇的烷链长度发生改变时，PFS 球的粒径变化范围在 370～1050nm 之间。PFS 微球含有 —OH，—C—O—C，—NH$_2$ 活性基团。实验结果证明此方法简单、实验的可重复性好，所得 PFS 球体形貌均一、粒径均匀，有利于为后续制备 ZnFe$_2$O$_4$ 基复合空心球实验的开展。

参 考 文 献

［1］ ABDALLA M O, ADRIANE L, MITCHELL T. Boron-modified phenolic resins for high performance applications ［J］. Polymer, 2003, 44 (24)：7353-7359.

[2] ZHOU J H, HE J P, ZHANG C X, et al. Mesoporous carbon spheres with uniformly penetrating channels and their use as a supercapacitor electrode material [J]. Materials Characterization, 2010, 61 (1): 31-38.

[3] SUN G H, WANG J, LI K X, et al. Polystyrene-based carbon spheres as electrode for electrochemical capacitors [J]. Electrochimica Acta, 2012, 59: 424-428.

[4] LIU J, QIAO S Z, LIU H, et al. Extension of the stöber method to the preparation of monodisperse resorcinol-formaldehyde resin polymer and carbon spheres [J]. Angew Chem. Int Ed. , 2011, 50 (26): 5947-5951.

[5] DESHMUKH A A, MHLANGA S D, COVILLE N J. Carbon spheres [J]. Materials Science and Engineering, 2010, 70 (1-2): 1-28.

[6] DOMÍNGUEZ J C, ALONSO M V, OLIET M, et al. Chemorheological study of the curing kinetics of a phenolic resol resin gelled [J]. European Polymer Journal, 2010, 46 (1): 50-57.

[7] TATSUDA N, YANO K. Pore size control of monodispersed starburst carbon spheres [J]. Carbon, 2013, 51: 27-35.

[8] JIANG X P, JU X, HUANG M F. Preparation and characterization of porous carbon spheres with controlled micropores and mesopores [J]. Journal of Alloys and Compounds, 2011, 509: 864-867.

3 ZnFe₂O₄基光催化剂的制备及其性能研究

3.1 引　　言

ZnFe₂O₄是窄禁带半导体材料，其本身不仅具有磁性，可通过外加磁场进行有效聚集[1-2]，而且还具有良好的光催化性能，它的能带宽度为 1.9eV，这就意味着只要波长小于 700nm 的光源照射就可使其受到激发，发生电子空穴的有效分离，表现出催化活性。近年来，ZnFe₂O₄ 已经受到人们普遍的关注[1,3-6]。然而单一的 ZnFe₂O₄ 光催化剂的光催化活性很低，这是由于它们的电子－空穴对很容易复合。复合两相或多相光催化剂并且具有匹配的能级结构可以提高催化剂的效率是已经证明的事实，由于复合半导体具有不同的能级结构，在半导体的界面处形成内建电场，这将有利于电子－空穴对的分离，并且可以减少其复合。近年来，已经有学者利用 ZnFe₂O₄ 和别的半导体进行复合，它们的光催化效果较单体 ZnFe₂O₄ 都有一定的提高，如 ZnFe₂O₄/CaFe₂O₄[7]、ZnFe₂O₄/TiO₂[8-9]、ZnFe₂O₄/SrFe₁₂O₁₉[10] 和 ZnFe₂O₄/Ag₃VO₄[11]。传统制备复合材料的方法都比较复杂，首先制备基体，随后再经过一系列的工艺进行复合[12-14]。本章通过调节 Zn^{2+} 与 Fe^{3+} 的物质的量比，采取一步的方法制备 ZnFe₂O₄ 基复合空心纳米光催化剂。

基于上述分析讨论，本章节以酚醛树脂微球为模板，制备了不同复合体系的 ZnFe₂O₄ 基空心纳米球，通过对 RhB 的降解来测试不同催化剂的光催化性能，研究结构和成分对复合半导体的光催化效果的影响，并对合成复合光催化剂的合成机理和催化机理进行研究。

3.2　实　验　部　分

3.2.1　试剂和仪器

实验所需试剂有间苯二酚（$C_6H_4(OH)_2$，99.5%，天津市盛奥化学试剂有限公司）、福尔马林（CH_2O，AR，成都市新都区木兰镇工业开发区）、氨水（NH_3，AR，郑州派尼化学试剂厂）、无水乙醇（EtOH，99.7%，西安化学试剂厂）、九水合硝酸铁（$Fe(NO_3)_3 \cdot 9H_2O$，≥98.5%，天津市天力化学试剂有限公司）、六水合硝酸锌（$Zn(NO_3)_2 \cdot 6H_2O$，≥99%，广东省化学试剂工程技术研究开发中心），实验中所用的水均为去离子水。

实验所用仪器见表3-1。

表 3-1　实验所用仪器

仪　器	型　号	厂　家
水浴锅	DF-101S	巩义市予华仪器有限责任公司
磁力搅拌器	HJ-6	巩义市予华仪器有限责任公司
电子天平	MP200B	上海精密科学仪器有限公司
高速台式离心机	GT10-1	北京时代北利离心机有限公司
真空干燥箱	DZF-1AS	北京科伟永兴仪器有限公司
高温箱式炉	KSL-1100X	合肥科晶材料技术有限公司
数控超声清洗机	KQ-300DE	昆山市超声仪器有限公司
低速台式离心机	DT5-1	北京时代北利离心机有限公司
光催化反应仪	BL-GHX-V	上海比朗仪器有限公司

3.2.2　酚醛树脂微球的制备

酚醛树脂微球的制备方法和过程同2.2.2节。

3.2.3　$ZnFe_2O_4$ 基空心纳米球的制备

$ZnFe_2O_4$ 空心纳米球（S1）的制备：取0.2g酚醛树脂微球（粒径大小为510nm）浸泡在20mL、1mol/L $Zn(NO_3)_2$ 和2mol/L的 $Fe(NO_3)_3$ 的混合溶液中，然后经超声15min，静置3h后，随后用去离子水洗涤、离心3次，在50℃条件下干燥24h，随后在马弗炉里进行煅烧，以1℃/min升温速率至650℃，保温3h，然后再自然冷却至室温。$ZnO/ZnFe_2O_4$ 空心纳米球（S2）和 $Fe_2O_3/ZnFe_2O_4$ 空心纳米球（S3）的制备仅仅是通过改变 $Zn(NO_3)_2$ 浓度，分别为1.5mol/L和0.5mol/L，它们的合成条件与S1相同。

粉体 $ZnFe_2O_4$ 的制备过程是将0.1mol $Zn(NO_3)_2$ 和0.2mol $Fe(NO_3)_3$ 混合，然后加热搅拌，直至混合均匀，在50℃条件下干燥24h，随后在马弗炉里进行煅烧，以1℃/min升温速率至650℃，保温3h，随后自然冷却至室温。

3.2.4　样品的分析与表征

采用日本Rigaku的D/Max-2200型X射线衍射仪（XRD，Cu K_α 辐射，λ =

0.15418nm）对样品的晶相、结晶度等进行测试，采用 S-4800 日立扫描电子显微镜（SEM）对所制备样品的形貌进行观察，采用透射电子显微镜（TEM，日本 JEM-3010 型透射电子显微镜）对所制备样品的结构进行观察，采用 UV-2500 型日本岛津紫外可见光（UV-Vis）光谱仪对样品进行 UV-Vis 吸收光谱测试，采用光致发光（PL）光谱仪（Hitachi F-4500 型）在 325nm 的激发波长下对所制备样品的光学性能进行检测。

3.2.5　样品的光催化活性和光电性能的测试

以 RhB 为拟降解污染物，研究所合成的不同光催化剂在氙灯照射下的光催化活性，光降解所用的仪器如图 3-1 所示。具体操作过程如下：配制浓度为 10mg/L RhB 原始溶液 300mL，向石英试管中分别移入 20mL RhB 溶液，给每支石英管中加入 20mg 光催化剂，经超声处理 15min 之后，再将石英管放入光催化反应仪中，经 30min 暗反应之后，伴随 500W 氙灯照射进行光降解过程，实验过程一直伴随磁力搅拌。实验过程中，每隔 40min 取出一个石英管，用离心机分离出上清液，通过紫外可见光谱仪来检测所合成不同光催化剂降解 RhB 污染物的量。

图 3-1　光降解反应仪

样品的光电流通过 CHI660D 型电化学工作站进行测试，操作如下：将所制备的光催化样品作为工作电极（工作电极制备方法采用刮涂法[15]），3mol/L 的 KCl 溶液作为参比电极和铂丝作为对电极。配置浓度为 1mol/L NaOH 溶液作为电解质溶液，300W 氙灯作为激发光源。

3.3 实验结果分析

3.3.1 ZnFe$_2$O$_4$基空心纳米球的形成机理

通常情况下，空心纳米球的合成是基于酚醛树脂微球表层对金属离子的吸附作用而形成的，主要是通过静电作用和表面羟基官能团的配位作用相互吸引。ZnFe$_2$O$_4$基空心纳米球的形成机理如图3-2所示，第一步，先将酚醛树脂微球浸泡到Zn^{2+}和Fe^{3+}混合盐溶液中，紧接着伴随酚醛树脂微球吸附金属离子，进而形成PFS@Zn^{2+}/Fe^{3+}。由于酚醛树脂微球表面的空隙较小，一般情况下，金属离子渗透酚醛树脂微球的深度不超过20nm。在加热过程中，ZnFe$_2$O$_4$的形成过程较为复杂，当温度在105～350℃时，主要发生的化学反应是去除与金属离子和酚醛树脂微球结合的结晶水，以及硝酸化合物转化为ZnO和Fe$_2$O$_3$。随着进一步加热，ZnO和Fe$_2$O$_3$之间发生化学反应生成ZnFe$_2$O$_4$，并且伴随着酚醛树脂微球的热分解。加热的过程发生的反应如式（3-1）～式（3-4）所示：

$$Zn(NO_3)_2 \longrightarrow ZnO + NO_2 \uparrow + O_2 \uparrow \tag{3-1}$$

$$Fe(NO_3)_3 \longrightarrow Fe_2O_3 + NO_2 \uparrow + O_2 \uparrow \tag{3-2}$$

$$ZnO + Fe_2O_3 \longrightarrow ZnFe_2O_4 \tag{3-3}$$

$$C_mH_n + O_2 \longrightarrow CO_2 + H_2O \tag{3-4}$$

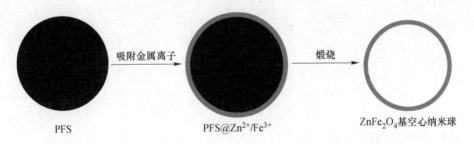

图3-2 ZnFe$_2$O$_4$基空心纳米球的形成机理示意图

随着温度再进一步升高，在氧气的参与下，被碳化的酚醛树脂微球被氧化成为CO$_2$，最终消失，此时得到ZnFe$_2$O$_4$基空心纳米球。当调节酚醛树脂微球加入量、烧结温度和烧结速率等因素时，可控制ZnFe$_2$O$_4$空心纳米球壳的形成、粒径大小和厚度。当调节锌盐和铁盐的浓度等因素时，可控制得到的最终产物为ZnFe$_2$O$_4$-Fe$_2$O$_3$、ZnFe$_2$O$_4$-ZnO或ZnFe$_2$O$_4$。

3.3.2 样品的XRD分析

图3-3是所制备出的ZnFe$_2$O$_4$基复合物的X射线衍射图谱，从图中可以看

出，位于 31.58°、34.30°、36.08°、47.58°、56.44°、62.40°、66.98°、68.08° 和 68.84°处的衍射峰与 ZnO 标准卡片（JCPDS 卡：36-1451）很好地吻合，证明得到的物相为六方晶系的 ZnO。位于 18.20°、29.93°、35.30°、36.82°、42.90°、46.95°、53.17°、56.69°、62.25° 和 73.50°处的衍射峰与立方晶系的 ZnFe$_2$O$_4$（JCPDS 卡：77-0011）相对应。位于 24.16°、33.18°、35.26°、42.90°、49.50°、53.20°、62.28°和64.08°处的衍射峰与 α-Fe$_2$O$_3$ 标准卡片（JCPDS 卡：33-0664）很好地吻合。由此可以得到 S1、S2 和 S3 所对应的物质分别为 ZnFe$_2$O$_4$，ZnO/ZnFe$_2$O$_4$，Fe$_2$O$_3$/ZnFe$_2$O$_4$。此外，在图 3-3 中没有发现其他杂峰的出现，且衍射峰尖锐、高强度，说明所制备的样品纯度高，结晶度好。

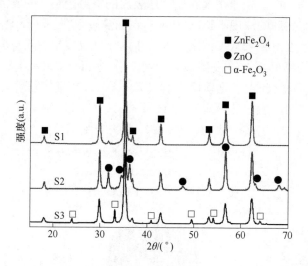

图 3-3   ZnFe$_2$O$_4$ 基复合物的 XRD 图

S1—ZnFe$_2$O$_4$；S2—ZnO/ZnFe$_2$O$_4$；S3—Fe$_2$O$_3$/ZnFe$_2$O$_4$

3.3.3 样品的 EDS 分析

利用 X 射线能谱仪（EDS）分析研究 S1 复合物的化学组成。如图 3-4 所示，复合半导体是由 Fe、Zn 和 O 三种元素组成，没有其他元素发现。并且 EDS 结果表明 ZnFe$_2$O$_4$ 中 Zn 和 Fe 的物质的量之比为 0.48，这个结果与理论成分比 0.5 极为接近，说明我们得到的样品为 ZnFe$_2$O$_4$，而且没有其他杂相生成，这与所分析的 XRD 测试相对应。ZnO/ZnFe$_2$O$_4$ 和 Fe$_2$O$_3$/ZnFe$_2$O$_4$ 的物相和成分组成见表 3-2。

利用模板剂制备单相金属氧化物的技术很成熟，然而，制备两相或多相金属氧化物则很少见，这是由于模板剂对不同金属离子的吸附能力不同，因此很难精确控制复合物各元素的量，致使杂相的产生。在试验中，利用模板法采取浸渍—

煅烧的方法成功、精确地控制了各组分的元素含量，这是因为采用了高浓度的金属盐溶液[16]。因此该思路提供了一个简单方便的方法来制备多相复合氧化物。

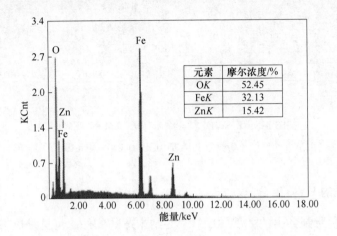

元素	摩尔浓度/%
OK	52.45
FeK	32.13
ZnK	15.42

图 3-4　$ZnFe_2O_4$ 的 X 射线能谱仪（EDS）分析图

表 3-2　$ZnFe_2O_4$ 基复合物的合成条件及成分

样品	金属离子浓度/mol·L^{-1}	物相①	Zn 与 Fe 物质的量比②
S1	$c_{Zn^{2+}}=1$，$c_{Fe^{2+}}=2$	$ZnFe_2O_4$	0.480
S2	$c_{Zn^{2+}}=1.5$，$c_{Fe^{2+}}=2$	$ZnO/ZnFe_2O_4$	0.775
S3	$c_{Zn^{2+}}=0.5$，$c_{Fe^{2+}}=2$	$Fe_2O_3/ZnFe_2O_4$	0.255

① XRD 分析结果；②EDS 分析结果。

3.3.4　样品的形貌分析

图 3-5 是所制备的 $ZnFe_2O_4$ 空心纳米球的 SEM 和 TEM 图。由图 3-5（a）可以看出所制备出的 $ZnFe_2O_4$ 单分散性良好，且粒径分布范围窄。高放大倍率的图 3-5（b）可以看出所制备的空心球表面粗糙，且部分破碎，由表面的空洞可以进一步验证模板剂的去除。并且可以发现，空心球的壳层非常薄，且表面布满了皱纹，这些皱纹有利于光的吸收，因为光线可以多次在 $ZnFe_2O_4$ 表面进行折射。与母模板剂进行比较，$ZnFe_2O_4$ 空心纳米球的尺寸为230nm，粒径缩小了55%，这是由于模板剂的热分解及结构的致密化所引起的。由图 3-5（c）可以清晰地看出，所制备的 $ZnFe_2O_4$ 样品具有空心结构，并且可以证明空心球的粒径大小约为230nm，壳层的厚度为15nm，得到的结论与 SEM 结果相吻合。由图 3-5 可以很容易地联想到如此薄的壳层表面具有大量的孔隙，这些孔隙可以作为污染物的通道或者有利于光线的通过，进而可以使光线在内壁进行多次折射，从而提高其光催化效果[17]。

图 3-5　ZnFe₂O₄ 空心纳米球的 SEM 和 TEM 图

(a)(b) 不同放大倍率 ZnFe₂O₄ 的 SEM 图；(c) ZnFe₂O₄ 的 TEM 图

3.3.5　样品的 UV-Vis 分析

图 3-6 是所制备出的 ZnFe₂O₄ 基空心纳米球的紫外 – 可见漫反射光谱图，从图中可以看出，3 个样品在紫外和可见光区都有强的吸收。并且它们的吸收边范围为 580 ~ 670nm，这将有利于光催化反应[18]。此外，还可以看出它们没有陡峭的吸收边，而是相对比较平缓的。S2 和 S3 对可见光的吸收强度明显高于 S1，说明 ZnO 和 Fe₂O₃ 与 ZnFe₂O₄ 复合有利于样品提高对可见光的利用率，这将更加有利于光催化降解效率的提高。右上角插图分别对应的是 S1、S2 和 S3 样品的真实颜色，可以看出它们的颜色符合其吸收边位置[19]。左下角插图为制备的 S1、S2 和 S3 样品的禁带宽度计算，计算公式为：

$$ah\nu = A(h\nu - E_g)^n \tag{3-5}$$

式中，A 为常数；a 为吸收系数；$h\nu$ 为光子的能量（$h\nu = 1240$eV）；ZnFe₂O₄ 半导体为直接跃迁，$n = 0.5$。

计算过程中，以 $(ah\nu)^2$ 为纵坐标，以 $h\nu$ 为横坐标，作 $(ah\nu)^2$-$h\nu$ 关系曲线得到不同光催化样品的禁带宽度 E_g。经过计算，样品 S1、S2 和 S3 的禁带宽度分别为 1.84eV、1.88eV 和 1.81eV。

3.3.6　样品的光电性能分析

为了测试所制备的 ZnFe₂O₄ 基空心纳米球的光电性能，通过在 300W 氙灯照射下用化学工作站对所制备的样品进行了检测。图 3-7 为所制备的 S1、S2 和 S3 电极的瞬间光电流响应曲线，从图中可以看出，S1、S2 和 S3 电极的光电流密度分别为 $1\mu A/cm^2$、$2\mu A/cm^2$ 和 $8.2\mu A/cm^2$。通常情况下，高的光电流密度表示更多的电子空穴的分离。与纯 ZnFe₂O₄ 相比，ZnO/ZnFe₂O₄ 和 Fe₂O₃/ZnFe₂O₄ 电极展现出较高的光电流密度，这可能是由于 ZnO 或 Fe₂O₃ 与 ZnFe₂O₄ 复合，促进了光生电子和空穴的转移，并抑制光生电荷的复合速率。

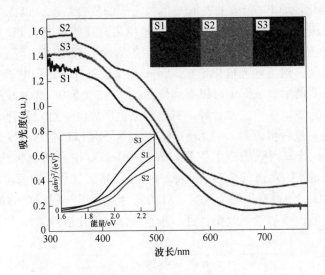

图 3-6 彩图

图 3-6 ZnFe$_2$O$_4$ 基空心纳米球的紫外 – 可见光谱

S1—ZnFe$_2$O$_4$；S2—ZnO/ZnFe$_2$O$_4$；S3—Fe$_2$O$_3$/ZnFe$_2$O$_4$

（插图分别对应的是 S1，S2，S3 样品的真实颜色）

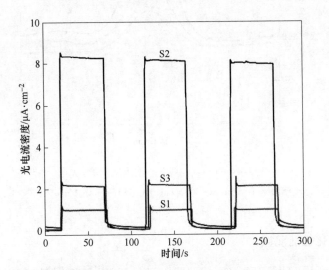

图 3-7 ZnFe$_2$O$_4$ 基空心纳米球在可见光下的光电流响应曲线

S1—ZnFe$_2$O$_4$；S2—ZnO/ZnFe$_2$O$_4$；S3—Fe$_2$O$_3$/ZnFe$_2$O$_4$

3.3.7 样品的 PL 分析

众所周知，光催化剂的光催化活性与光生载流子的寿命长短密切相关，可以通过测定光催化剂的 PL 光谱来表征光生载流子的复合情况，以此来估计样品的光催化性能。光催化剂的电子空穴对复合量越多，其所对应的 PL 光谱的强度越大，相应的光催化活性越差。为了确定所制备的 S1、S2 和 S3 样品光生载流子分离和复合的性能，对不同光催化剂在 325nm 光激发条件下进行电子空穴对复合的测定，如图 3-8 所示。从图中可以看到样品 S1 在波长 550 ~ 600nm 范围内发出较强的光信号，形成电子空穴复合峰。其他样品也形成电子空穴复合峰，只是峰的强度有所不同，进一步说明 ZnO 和 Fe$_2$O$_3$ 的复合不足以产生新的发光信号。样品在 550 ~ 600nm 处发射峰的产生主要归因于 ZnFe$_2$O$_4$ 相的光生电子和空穴复合。S2 和 S3 样品的 PL 光谱的强度明显低于 S1 样品，这说明在 ZnO 或 Fe$_2$O$_3$ 与 ZnFe$_2$O$_4$ 的复合，使得光生电子 – 空穴对的复合受到了一定程度的抑制，从而提高催化剂光生载流子的量子效率，进一步半导体的催化活性增加[20]。

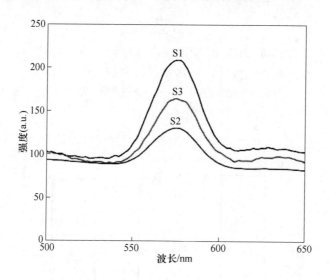

图 3-8　ZnFe$_2$O$_4$ 基空心纳米球的 PL 光谱

S1—ZnFe$_2$O$_4$；S2—ZnO/ZnFe$_2$O$_4$；S3—Fe$_2$O$_3$/ZnFe$_2$O$_4$

3.3.8　光催化性能测试

图 3-9(a) 是不同 ZnFe$_2$O$_4$ 基光催化剂在 500W 氙灯照射下对 RhB 溶液的降解曲线。从图中曲线可以看到，在经过 500W 氙灯照射 240min 后，不加催化剂的条件下 RhB 自身的降解量很少，基本可以忽略。在经过 30min 的暗反应处理后，所有样品都达到了吸附 – 脱附平衡，S1、S2 和 S3 样品对 RhB 溶液的吸附率在 16.9% ~ 18.8% 之间，S4 样品的吸附率为 5.3%，由此可以推断，空心结构增强了半导体对染料的吸附性能。虽然 ZnFe$_2$O$_4$ 基空心纳米球对染料的吸附效果相

近，但是它们对 RhB 溶液的光降解效率不同，即可以忽略吸附对光催化效果的影响。从图3-9（a）中可以看出，在光照240min 后，粉体 $ZnFe_2O_4$ 样品对 RhB 溶液的降解度只有9%，而 $ZnFe_2O_4$ 空心纳米球对 RhB 溶液的降解度则达到23.2%，光降解率高于粉体 $ZnFe_2O_4$ 样品对 RhB 溶液的降解速率。对于 $ZnO/ZnFe_2O_4$ 和 $Fe_2O_3/ZnFe_2O_4$ 空心纳米球，经过光照240min 后，对 RhB 溶液的降解度分别达到56.8% 和89.1%。从光催化数据明显可以看出 ZnO 和 Fe_2O_3 与 $ZnFe_2O_4$ 复合所形成的异质结构能够有效地提高其光催化效果。

在光催化反应中，污染物降解的反应动力学可以用一阶反应表示，即 Langmuir-Hinshelwood（L-H）模型[1]，动力学速率计算公式为 $r = \ln(c/c_0^e) = kt$。通过图3-9（b）中可以看出，所制备的 S1、S2、S3 和 S4 样品对应的一阶速率常数 k 分别是 $0.000468min^{-1}$、$0.00742min^{-1}$、$0.00229min^{-1}$ 和 $0.000167min^{-1}$。S2 样品的 k 值与其他样品相比是最大的，降解速率约为 S1 样品的 5 倍。这和所有样品光催化活性曲线分析的结果相一致。

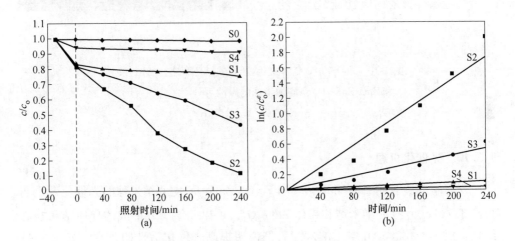

图 3-9　不同样品在可见光光照射下降解 RhB 溶液的降解率曲线图（a）
和不同光催化剂降解 RhB 的动力学曲线（b）

S0—空白试验（无光催化剂）；S1—$ZnFe_2O_4$；S2—$ZnO/ZnFe_2O_4$；S3—$Fe_2O_3/ZnFe_2O_4$；
S4—粉体 $ZnFe_2O_4$

3.3.9　样品光催化循环和回收实验

光催化剂只有经过多次循环利用后仍保持原先的物理化学稳定性才具有实际应用。图3-10（a）是 $ZnO/ZnFe_2O_4$ 空心纳米球在可见光照射下光降解 RhB 溶液的循环利用实验，经过 5 次光催化循环利用试验，$ZnO/ZnFe_2O_4$ 空心纳米球的光降解效率仅仅降低了3.9%，结果表明 $ZnO/ZnFe_2O_4$ 空心纳米球具有稳定的物理化学性能[21]。图 3-10(b) 是 ZnO/ZnFe$_2$O$_4$ 空心纳米球在磁场作用下进行回收的实验，由 A 和 B 对比可以清楚看出，ZnO/ZnFe$_2$O$_4$ 空心纳米球易于回收。由图 3-10 可以得出结论，ZnO/ZnFe$_2$O$_4$ 空心纳米球可以广泛应用于实际的污染物处理。

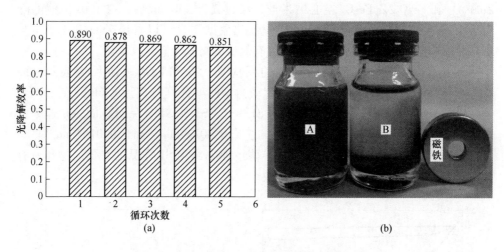

图 3-10　ZnO/ZnFe$_2$O$_4$ 空心纳米球的循环利用柱状图（a）

和 ZnO/ZnFe$_2$O$_4$ 空心纳米球的磁性可分离实验图（b）

A—分离前；B—分离后

3.3.10　光催化机理

　　光降解实验表明 ZnO/ZnFe$_2$O$_4$ 和 Fe$_2$O$_3$/ZnFe$_2$O$_4$ 空心纳米球的光催化效果明显高于 ZnFe$_2$O$_4$ 空心纳米球和粉体 ZnFe$_2$O$_4$，可以归结于其形成的异质结和空心结构。以 ZnO/ZnFe$_2$O$_4$ 空心纳米球为例说明提高光催化活性的机理，如图 3-11 所示。在可见光激发下，ZnFe$_2$O$_4$ 价带的电子跃迁到导带。而光生空穴仍留在 ZnFe$_2$O$_4$ 半导体的价带上。由于 ZnO 导带的电势比 ZnFe$_2$O$_4$ 的导带的电势更正，因此，ZnFe$_2$O$_4$ 导带上的光生电子能快速转移到 ZnO 的导带上[22]，而空穴在 ZnFe$_2$O$_4$ 价带上聚集，致使光生载流子分别位于两种不同半导体上，进而促使了量子效率的提高，进一步高效地促进了 ZnO/ZnFe$_2$O$_4$ 复合光催化剂的光催化活性。吸附在光催化剂表面的氧气与转移到 ZnO 表面的电子相互作用，生成 H$_2$O$_2$（O$_2$ + 2H$^+$ + 2e →H$_2$O$_2$）和 ·HO$_2$（O$_2$ + H$^+$ + e → ·HO$_2$）中间产物，这是由于 ZnO 导带的电势比 $E^{\ominus}$（O$_2$/H$_2$O$_2$：0.682eV（vs. NHE））和 $E^{\ominus}$（O$_2$/·HO$_2$：− 0.046eV（vs. NHE））的具有更负的氧化还原电势。然而，光诱导产生的电子不能还原氧气所产生 ·O$_2^-$（O$_2$ + e → ·O$_2^-$，− 0.33eV（vs. NHE））[23]，因此其光催化活性主要还是与由光生载流子所产生的空穴有关。然而，$ZnFe_2O_4$ 光催化剂价带上的光生空穴也不能被 H_2O 和 OH^- 所捕获[24]。进一步，这些所产生的活性中间产物能够高效地分解污染物。因此，$ZnO/ZnFe_2O_4$ 空心纳米球光催化活性的提高应该归因于 ZnO 和 $ZnFe_2O_4$ 两种半导体光催化剂界面间形成的匹配的异质结构，促进了两种半导体中的光生载流子得到有效的分离，从而有效提高了复合光催化剂的光催化性能。同理，上述的光催化原理也适合于 Fe_2O_3 与 $ZnFe_2O_4$ 复合体系。然而对于 $ZnO/ZnFe_2O_4$ 的光催化效果明显强于 $Fe_2O_3/ZnFe_2O_4$，可以由上述解释明显看出，这是由于 ZnO 的导带电势更正于 Fe_2O_3，即在发生还原反应过程中，产生的中间产物更多所引起的。

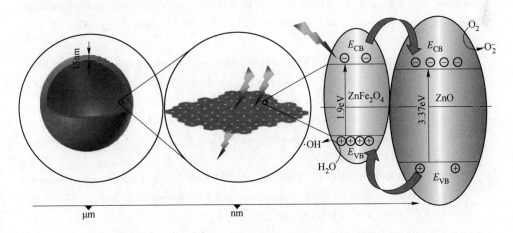

图 3-11　$ZnO/ZnFe_2O_4$ 空心纳米球提高光催化活性机理图

空心结构也是提高 $ZnFe_2O_4$ 基空心纳米球的光催化性能的主要因素之一。众所周知，空心结构具有大的比表面积，可以提供更多的活性位点，以及能更加充分地与污染物接触，这都十分有利于光催化性能的提高[25]。本章所制备的空心核壳层只有 15nm，这将十分有利于小分子物质的通过和光线的穿透，并在内壁进行多次的折射，从而提高其对可见光的利用率。并且由于壳层特别薄，电子空穴可以十分快速地到达催化剂的表面，与污染物作用，从而减少其直接的复合[26-29]。

本章以 PFS 为模板，通过浸渍—煅烧的工艺成功制备了 $ZnFe_2O_4$ 基空心纳米球。并且 $ZnFe_2O_4$、$ZnO/ZnFe_2O_4$ 和 $Fe_2O_3/ZnFe_2O_4$ 的制备工艺相同，只不过是通过简单的调节 Zn^{2+} 的浓度而得到不同成分和含量的 $ZnFe_2O_4$ 基空心复合物。$ZnFe_2O_4$ 基空心纳米球的粒径大小约为 230nm，壳层的厚度为 15nm。光催化实验结果表明 $ZnO/ZnFe_2O_4$ 和 $Fe_2O_3/ZnFe_2O_4$ 空心纳米球的光催化效果明显高于 $ZnFe_2O_4$ 空心纳米球和粉体 $ZnFe_2O_4$，这是由于其具有匹配的异质结构和空心结构。而对于 $ZnO/ZnFe_2O_4$ 的光催化效果明显强于 $Fe_2O_3/ZnFe_2O_4$，是由于 ZnO

的导带电势更正于 Fe₂O₃，即在发生还原反应过程中，产生的中间产物更多所引起的。ZnFe₂O₄ 基空心纳米球经过多次的循环利用，仍然能保持其稳定的光催化活性，并且在磁场作用下可以有效地进行分离。本章研究还提供了一个简单高效的方法制备复合空心光催化剂。

参 考 文 献

[1] QIAN H S, HU Y, LI Z Q, et al. ZnO/ZnFe₂O₄ magnetic fluorescent bifunctional hollow nanospheres: Synthesis, characterization, and their optical/magnetic properties [J]. J. Phys. Chem. C, 2010, 114 (41): 17455-17459.

[2] SHANG M, WANG W Z, XU H L. New Bi₂WO₆ nanocages with high visible-light-driven photocatalytic activities prepared in refluxing EG [J]. Crystal Growth & Design, 2009, 9 (2): 991-996.

[3] WILSON A, MISHRA S R, GUPTA R, et al. Preparation and photocatalytic properties of hybrid core-shell reusable CoFe₂O₄-ZnO nanospheres [J]. J. Magn. Magn. Mater, 2012, 324 (17): 2597-2601.

[4] CAO S W, ZHU Y J, CHENG G F, et al. ZnFe₂O₄ nanoparticles: Microwave-hydrothermal ionic liquid synthesis and photocatalytic property over phenol [J]. Journal of Hazardous Materials, 2009, 171 (1-3): 431-435.

[5] TAHIR A A, BURCH H A, UPUL WIJAYANTHA K G, et al. A new route to control texture of materials: Nanostructured ZnFe₂O₄ photoelectrodes [J]. International Journal of Hydrogen Energy, 2013, 38 (11): 4315-4323.

[6] LI X Y, HOU Y, ZHAO Q D, et al. Capability of novel ZnFe₂O₄ nanotube arrays for visible-light induced degradation of 4-chlorophenol [J]. Chemosphere, 2011, 82 (4): 581-586.

[7] CAO J Y, XING J J, ZHANG Y J, et al. Photoelectrochemical properties of nanomultiple CaFe₂O₄/ZnFe₂O₄ p-n junction photoelectrodes [J]. Langmuir, 2013, 29 (9): 3116-3124.

[8] YIN J, BIE L J, YUAN Z H. Photoelectrochemical property of ZnFe₂O₄/TiO₂ double-layered films [J]. Materials Research Bulletin, 2007, 42 (8): 1402-1406.

[9] XU S H, FENG D L, SHANGGUAN W F. Preparations and photocatalytic properties of visible-light-active zinc ferrite-doped TiO₂ photocatalyst [J]. J. Phys. Chem. C, 2009, 113 (6): 2463-2467.

[10] XIE T P, XUA L J, LIU C L, et al. Magnetic composite ZnFe₂O₄/SrFe₁₂O₁₉: Preparation, characterization, and photocatalytic activity under visible light [J]. Applied Surface Science, 2013, 273: 684-691.

[11] ZHANG L, HE Y M, YE P, et al. Visible light photocatalytic activities of ZnFe₂O₄ loaded by Ag₃VO₄ heterojunction composites [J]. Journal of Alloys and Compounds, 2013, 549: 105-113.

[12] MCLAREN A, SOLIS T V, LI G Q, et al. Shape and size effects of ZnO nanocrystals on photocatalytic activity [J]. J. Am. Chem. Soc., 2009, 131 (35): 12540-12541.

[13] XIE J, LI Y T, ZHAO W, et al. Simple fabrication and photocatalytic activity of ZnO particles with different morphologies [J]. Powder Technology, 2011, 207 (1-3): 140-144.

[14] MIAO C H, JI S L, XU G P, et al. Micro-nano-structured Fe_2O_3: $Ti/ZnFe_2O_4$ heterojunction films for water oxidation [J]. Appl. Mater. Interfaces, 2012, 4 (8): 4428-4433.

[15] ITO S, CHEN P, COMTE P, et al. Fabrication of screen-printing pastes from TiO_2 powders for dye-sensitised solar cells [J]. Res. Appl. , 2007, 15 (7): 603-612.

[16] SUN X M, LIU J F, LI Y D. Use of carbonaceous polysaccharide microspheres as templates for fabricating metal oxide hollow spheres [J]. Chemistry-A European Journal, 2006, 12 (7): 2039-2047.

[17] LI X N, HUANG R K, HU Y H, et al. A templated method to Bi_2WO_6 hollow microspheres and their conversion to double-shell Bi_2O_3/Bi_2WO_6 hollow microspheres with improved photocatalytic performance [J]. American Chemical Society, 2012, 51 (11): 6245-6250.

[18] SUN L, SHAO R, TANG L Q, et al. Synthesis of $ZnFe_2O_4/ZnO$ nanocomposites immobilized on graphene with enhanced photocatalytic activity under solar light irradiation [J]. Journal of Alloys and Compounds, 2013, 564: 55-62.

[19] KIM H G, BORSE P H, JANG J S, et al. Fabrication of $CaFe_2O_4/MgFe_2O_4$ bulk heterojunction for enhanced visible light photocatalysis [J]. Chem. Commun. , 2009 (39): 5889-5891.

[20] FU G K, XU G N, CHEN S P, et al. Ag_3PO_4/Bi_2WO_6 hierarchical heterostructures with enhanced visible light photocatalytic activity for the degradation of phenol [J]. Catalysis Communications, 2013, 40: 120-124.

[21] SHAO R, SUN L, TANG L Q, et al. Preparation and characterization of magnetic core-shell $ZnFe_2O_4$@ZnO nanoparticles and their application for the photodegradation of methylene blue [J]. Chemical Engineering Journal, 2013, 217: 185-191.

[22] LU D B, ZHANG Y, LIN S X, et al. Synthesis of magnetic $ZnFe_2O_4$/graphene composite and its application in photocatalytic degradation of dyes [J]. Journal of Alloys and Compounds, 2013, 579: 336-342.

[23] 万李, 冯嘉猷. CdS/TiO_2 复合半导体薄膜的制备及其光催化性能 [J]. 环境科学研究, 2009, 22 (1): 95-98.

[24] JIN Q L, FUJISHIMA M, NOLAN M, et al. Photocatalytic activities of tin(Ⅳ) oxide surface-modified titanium(Ⅳ) dioxide show a strong sensitivity to the TiO_2 crystal form [J]. J. Phys. Chem. C, 2012, 116 (23): 12621-12626.

[25] MANDAL S, SATHISH M, SARAVANAN G, et al. Open-mouthed metallic microcapsules: Exploring performance improvements at agglomeration-free interiors [J]. J. Am. Chem. Soc. , 2010, 132 (41): 14415-14417.

[26] CHEN W, WANG Z G, LIN Z J, et al. Absorption and luminescence of the surface states in ZnS nanoparticles [J]. Journal of Applied Physics, 1997, 82 (6): 3111-3115.

[27] HAN L, ZHANG P, LI L, et al. Nitrogen-containing carbon nano-onions-like and graphene-like materials derived from biomass and the adsorption and visible photocatalytic performance [J]. Applied Surface Science, 2021, 543: 148752.

[28] JIANG Z, XIAO C, YIN X, et al. Facile preparation of a novel $Bi_{24}O_{31}Br_{10}$/nano-ZnO composite photocatalyst with enhanced visible light photocatalytic ability [J]. Ceramics International, 2020, 46 (8): 10771-10778.

[29] NAVIDPOUR A, FAKHRZAD M. Photocatalytic and magnetic properties of $ZnFe_2O_4$ nanoparticles synthesised by mechanical alloying [J]. International Journal of Environmental Analytical Chemistry, 2022, 10: 690-706.

4 $ZnFe_2O_4$-Fe_2O_3-Bi_2WO_6 光催化剂的 制备及其性能研究

4.1 引　言

Bi_2WO_6 在可见光照射下具有良好的光催化性能，是一种十分重要的半导体材料[1-2]。然而，Bi_2WO_6 半导体光催化剂仍然存在一些缺陷，限制了它的实际应用，如光生载流子的复合率高严重影响了其光催化性能，然而在光催化反应中，催化剂的光催化活性主要还是由光生载流子的量子效率所决定[3-4]。近几年来，许多学者在制备 Bi_2WO_6 基半导体纳米复合材料，如 TiO_2/Bi_2WO_6[5]、Ag/Bi_2WO_6[6]、C_3N_4/Bi_2WO_6[7] 等来降低电子与空穴对的复合方面做了许多研究。$ZnFe_2O_4$ 是窄禁带半导体材料，其本身不仅具有磁性，通过外加磁场可以进行有效聚集，而且还具有良好的光催化性能，它的能带宽度为 1.9eV，这就意味着只要波长小于 700nm 的光源照射就可受到激发，发生电子空穴的分离，表现出催化活性。在众多的氧化物中，Fe_2O_3 因具有可见光催化活性和热稳定性而备受关注。α-Fe_2O_3 导带边的位置（$E_{CB} = 0.4V$）低于 $ZnFe_2O_4$（$E_{CB} = -0.5V$）但是高于 Bi_2WO_6 导带边的位置（$E_{CB} = 0.6V$）。因此，三元半导体的导带位置具有瀑布结构。

之前对于它们三相复合的相关研究不多。基于上述分析讨论，本章制备了 $ZnFe_2O_4$-Fe_2O_3-Bi_2WO_6 空心光催化剂，通过对 RhB 的降解来测试不同催化剂的光催化性能，讨论了复合半导体的结构和成分对其催化性能的影响，并对所制备的复合催化剂的合成机理和催化机理进行研究。

4.2 实 验 部 分

4.2.1 试剂和仪器

实验所用试剂有硝酸铋（$Bi(NO_3)_3 \cdot 5H_2O$，99.0%，天津市博迪化工有限公司）、钨酸钠（$Na_2WO_4 \cdot 2H_2O$，99.5%，天津市福晨化学试剂厂），其余药品同 3.2.1 节。

实验所用仪器同 3.2.1 节。

4.2.2　酚醛树脂微球的制备

酚醛树脂微球的制备方法和过程同 2.2.2 节。

4.2.3　C@$ZnFe_2O_4$-Fe_2O_3 微球的制备

C@$ZnFe_2O_4$-Fe_2O_3 空心纳米球的制备方法和过程与 3.2.3 节相似，只不过煅烧是在 N_2 气氛里进行。

4.2.4　$ZnFe_2O_4$-Fe_2O_3-Bi_2WO_6 空心纳米球的制备

将 3mmol $Bi(NO_3)_3$ 和 1.5mmol Na_2WO_4 加入 40mL 乙二醇溶液中，然后经超声处理 15min，磁力搅拌直至溶液澄清，再将所制备的 1g C@$ZnFe_2O_4$-Fe_2O_3 微球加入混合乙二醇溶液中，超声 15min，缓慢搅拌 3h 后，然后经乙二醇洗涤 3次，在 50℃ 条件下干燥 24h，随后在空气中进行煅烧，以 1℃/min 升温速率至 650℃，保温 3h，自然冷却至室温。$ZnFe_2O_4$-Bi_2WO_6 空心纳米球的制备工艺中 $Zn(NO_3)_2$ 浓度为 1mol/L。Bi_2WO_6 空心纳米球的制备加入的模板剂是 PFS。

4.2.5　样品的分析与表征

样品的分析与表征方法同 3.2.4 节。

4.2.6　样品的光催化活性和光电性能的测试

样品的光催化活性和光电性能的测试方法同 3.2.5 节。

4.3　实验结果分析

4.3.1　$ZnFe_2O_4$-Fe_2O_3-Bi_2WO_6 空心纳米球的形成机理

$ZnFe_2O_4$-Fe_2O_3-Bi_2WO_6 空心纳米球的形成机理如图 4-1 所示，C@$ZnFe_2O_4$/Fe_2O_3 微球的形成机理与 $ZnFe_2O_4$ 空心纳米球相似，只不过在 N_2 气氛下进行煅烧（机理同 4.3.1）。合成 $ZnFe_2O_4$-Fe_2O_3-Bi_2WO_6 空心纳米球，利用乙二醇作为溶剂形成 Bi_2WO_6 壳层。由于 Bi^{3+}、WO_4^{2-} 和 Bi_2WO_6 与乙二醇中的羟基间的相互配位作用，$Bi(NO_3)_3$、Na_2WO_4 和 Bi_2WO_6 可以溶解于乙二醇中，形成透明溶液。Bi_2WO_6 的溶解常数小于 Bi^{3+} 和 WO_4^{2-}，致使加入 C@$ZnFe_2O_4$/Fe_2O_3 微球到乙二醇溶液中时，Bi_2WO_6 大量析出，并吸附在 C@$ZnFe_2O_4$/Fe_2O_3 微球表面，然而在 C@$ZnFe_2O_4$/Fe_2O_3 微球上沉积的 Bi^{3+} 和 WO_4^{2-} 的量却较少。再经过乙二醇洗涤处理，C@$ZnFe_2O_4$/Fe_2O_3 微球表面的 Bi^{3+} 和 WO_4^{2-} 几乎可以完全除去。随后在

空气中经煅烧处理，便可得到三元 $ZnFe_2O_4$-Fe_2O_3-Bi_2WO_6 空心纳米球。

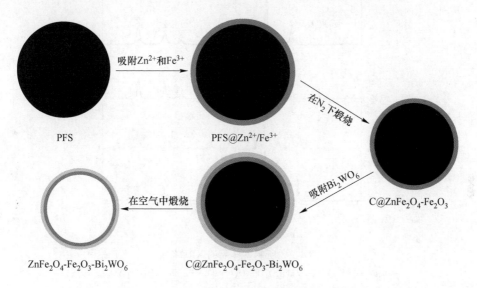

图 4-1　$ZnFe_2O_4$-Fe_2O_3-Bi_2WO_6 空心纳米球的形成机理示意图

4.3.2　样品的 XRD 分析

图 4-2 是制备出的 $ZnFe_2O_4$、$ZnFe_2O_4$-Fe_2O_3、$ZnFe_2O_4$-Bi_2WO_6 和 $ZnFe_2O_4$-Fe_2O_3-Bi_2WO_6 复合物的 X 射线衍射图谱，从图中可以看出，衍射峰位于曲线 1 的 18.20°、29.93°、35.30°、36.82°、42.90°、46.95°、53.17°、56.69°、62.25° 和 73.50°处，与立方晶系的 $ZnFe_2O_4$（JCPDS 卡：77-0011）相对应，并且在曲线 2、3 和 4 相应的位置也可以检测到。衍射峰位于曲线 2 和 4 的 24.16°、33.18°、35.26°、42.90°、49.50°、53.20°、62.28° 和 64.08°处，与 α-Fe_2O_3 标准卡片（JCPDS 卡：33-0664）很好地吻合。另外，曲线位于 3 和 4 的 28.14°、32.64°、46.94°、55.72°、58.42° 和 68.90°处，所对应的是正交晶系的 Bi_2WO_6（JCPDS 卡：73-2020）。由此曲线 4 所对应的样品为 $ZnFe_2O_4$-Fe_2O_3-Bi_2WO_6。此外，所得到的三元 $ZnFe_2O_4$-Fe_2O_3-Bi_2WO_6 中没有发现其他杂峰的出现，且衍射峰尖锐、强度高，说明所制备的样品纯度高，结晶度好。

4.3.3　样品的形貌分析

图 4-3(a) 是在水热 100℃ 条件下制备出的酚醛树脂微球的扫描电镜照片，由图可以看出，球体粒径的大小为 510nm。图 4-3(b) 是 C@ $ZnFe_2O_4$-Fe_2O_3 微球的扫描照片。C@ $ZnFe_2O_4$-Fe_2O_3 微球是通过碳化 PFS 和密实化 $ZnFe_2O_4$ 和 α-Fe_2O_3 得到的。由图 4-3(b) 可以看出，C@ $ZnFe_2O_4$-Fe_2O_3 微球保持了其原有的

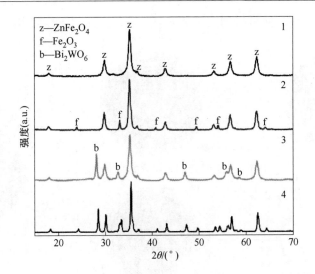

图 4-2　所制备样品的 XRD 图谱

1—ZnFe₂O₄(S-z)；2—ZnFe₂O₄-Fe₂O₃(S-zf)；3—ZnFe₂O₄-Bi₂WO₆(S-zb)；

4—ZnFe₂O₄-Fe₂O₃-Bi₂WO₆（S-zfb）

球形原貌，只不过粒径小于其母系前驱物的粒径，在煅烧的过程中，其粒径由之前的 510nm 收缩到 410nm，收缩率为 20%。图 4-3(c) 和其中插图是三元 ZnFe₂O₄-Fe₂O₃-Bi₂WO₆ 复合物的扫描和透射照片。由图 4-3(c) 可以看出，制备出的样品单分散性良好，并且表面较为粗糙。其表面上的皱纹有利于光的吸收，由于光可以在表面多次折射，因此增加了催化剂对可见光的吸收效率。由图 4-3 (c) 的插图透射照片可以看出，所制备的样品具有空心结构。并且样品的粒径大小为 260nm，壳层的厚度为 15nm，所得到的结果与扫描结果相一致。相比母系前驱 C@ ZnFe₂O₄-Fe₂O₃ 微球，ZnFe₂O₄-Fe₂O₃-Bi₂WO₆ 空心纳米球粒径缩小了 35%，其主要是碳核的热分解和 ZnFe₂O₄、α-Fe₂O₃、Bi₂WO₆ 进一步致密化所引

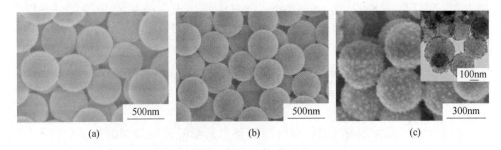

图 4-3　所制备样品的 SEM 和 TEM 图

(a) PFS 的 SEM 图；(b) C@ ZnFe₂O₄-Fe₂O₃ 核壳微球的 SEM 图；

(c) 三元 ZnFe₂O₄-Fe₂O₃-Bi₂WO₆ 空心纳米球的 SEM 图（插图为所对应的 TEM 图）

起的。在光催化反应过程中，所制备的空心核壳层只有 15nm，这将十分有利于小分子物质的通过和光线的穿透，光在内壁进行多次的折射，从而提高了对可见光的利用率。由于壳层特别薄，电子空穴可以十分快速地到达催化剂的表面，与污染物作用，从而减少其直接的复合。

4.3.4 样品的 EDX 分析

为了进一步证实 Bi_2WO_6 纳米颗粒存在于 $ZnFe_2O_4$-Fe_2O_3 空心球的表面，对 $ZnFe_2O_4$-Fe_2O_3-Bi_2WO_6 空心纳米球进行 X 射线能谱分析来确定 $ZnFe_2O_4$-Fe_2O_3-Bi_2WO_6 的化学组成和元素分布。图 4-4(b) 为图 4-4(a) 所对应的 EDX 光谱图，说明 $ZnFe_2O_4$-Fe_2O_3-Bi_2WO_6 空心纳米球包含四种元素，即 Zn、Fe、Bi 和 W（由于 O 显而易见存在，没有作分析）。图 4-4(c)~(f) 为 $ZnFe_2O_4$-Fe_2O_3-Bi_2WO_6 空心纳米球中四种元素（Zn、Fe、Bi 和 W）的分布图，从图中可以看出，Bi_2WO_6 纳米颗粒均匀地分布在 $ZnFe_2O_4$-Fe_2O_3 空心球的表面。

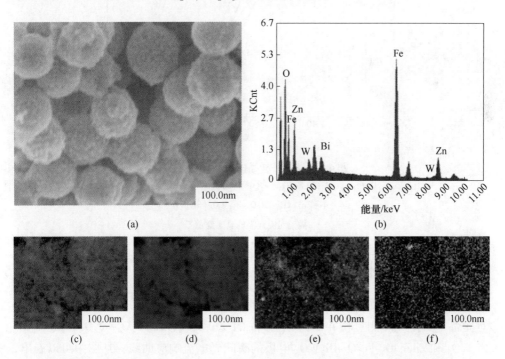

图 4-4 三元 $ZnFe_2O_4$-Fe_2O_3-Bi_2WO_6 空心纳米球的 EDX 图谱和各个元素分布图

4.3.5 样品的 UV-Vis 分析

图 4-5 是制备出的 $ZnFe_2O_4$、$ZnFe_2O_4$-Fe_2O_3、$ZnFe_2O_4$-Bi_2WO_6 和 $ZnFe_2O_4$-Fe_2O_3-Bi_2WO_6 空心纳米球的紫外-可见漫反射光谱图，从图中可以看出，4 个样

品在紫外和可见光区都有强的吸收。并且它们的吸收边范围为 580 ~ 700nm。可以看出它们没有陡峭的吸收边，而是相对比较平缓。ZnFe₂O₄-Fe₂O₃-Bi₂WO₆ 空心纳米球对可见光的吸收强度明显高于 ZnFe₂O₄、ZnFe₂O₄-Fe₂O₃ 和 ZnFe₂O₄-Bi₂WO₆，说明 ZnFe₂O₄、Fe₂O₃ 和 Bi₂WO₆ 复合有利于提高对可见光的利用率，这将更加有利于光催化效率的提高。右上角插图分别对应的是 ZnFe₂O₄、ZnFe₂O₄-Fe₂O₃、ZnFe₂O₄-Bi₂WO₆ 和 ZnFe₂O₄-Fe₂O₃-Bi₂WO₆ 空心纳米球的真实颜色，可以看出它们的颜色符合其吸收边位置。

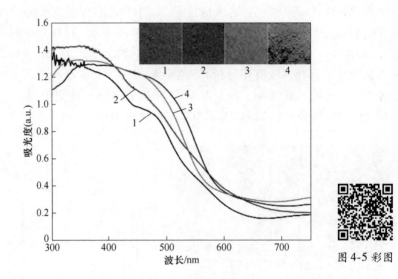

图 4-5 彩图

图 4-5　所制备样品的紫外－可见光谱

1—ZnFe₂O₄(S-z)；2—ZnFe₂O₄-Fe₂O₃(S-zf)；3—ZnFe₂O₄-Bi₂WO₆(S-zb)；

4—ZnFe₂O₄-Fe₂O₃-Bi₂WO₆(S-zfb)

（插图对应样品的真实颜色）

4.3.6　样品的光电性能分析

为了测试所制备样品的光电性能，通过在 300W 氙灯照射下用电化学工作站对样品进行了检测。图 4-6 为所制备的 ZnFe₂O₄、ZnFe₂O₄-Fe₂O₃、ZnFe₂O₄-Bi₂WO₆ 和 ZnFe₂O₄-Fe₂O₃-Bi₂WO₆ 电极的瞬间光电流响应曲线，从图中可以看出，其电极的光电流密度分别为 $1\mu A/cm^2$、$2\mu A/cm^2$、$10\mu A/cm^2$ 和 $15\mu A/cm^2$。在实验中，ZnFe₂O₄-Fe₂O₃ 和 ZnFe₂O₄-Bi₂WO₆ 电极的电流密度明显高于 ZnFe₂O₄。然而当 ZnFe₂O₄、Fe₂O₃ 和 Bi₂WO₆ 三元复合时，ZnFe₂O₄-Fe₂O₃-Bi₂WO₆ 电极的电流密度有明显的增强，其原因为 ZnFe₂O₄、Fe₂O₃ 和 Bi₂WO₆ 间的协同作用。

通常情况下，高的光电流密度代表更多的电子-空穴对的分离。与纯 ZnFe₂O₄

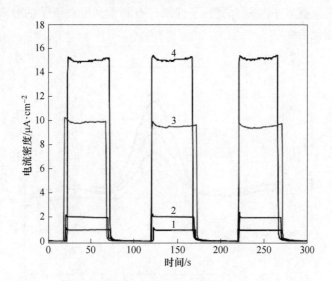

图4-6 不同电极在可见光下的电流响应曲线

1—$ZnFe_2O_4$(S-z)；2—$ZnFe_2O_4$-Fe_2O_3(S-zf)；3—$ZnFe_2O_4$-Bi_2WO_6(S-zb)；

4—$ZnFe_2O_4$-Fe_2O_3-Bi_2WO_6(S-zfb)

相比，$ZnFe_2O_4$-Fe_2O_3、$ZnFe_2O_4$-Bi_2WO_6 和 $ZnFe_2O_4$-Fe_2O_3-Bi_2WO_6 电极展现出较高的光电流密度，这可能是由于 ZnO 或 Fe_2O_3 与 $ZnFe_2O_4$ 复合，促进了光生电子和空穴的转移，并抑制光生电荷的复合速率。

4.3.7 样品的 PL 分析

众所周知，光催化剂的光催化活性与光生载流子的寿命长短密切相关，可以通过测定光催化剂的 PL 光谱来表征光生载流子的复合情况，以此来估计样品的光催化性能。光催化剂的电子-空穴对复合量越多，其所对应的 PL 光谱的强度越大，相应的光催化活性越差。为了确定所制备的 $ZnFe_2O_4$、$ZnFe_2O_4$-Fe_2O_3、$ZnFe_2O_4$-Bi_2WO_6 和 $ZnFe_2O_4$-Fe_2O_3-Bi_2WO_6 样品光生载流子分离和复合的具体情况，测定了样品在 325nm 光激发条件下的荧光光谱[8-9]，如图4-7所示。从图中可以看到样品 $ZnFe_2O_4$ 在波长 550~600nm 范围内发出较强的光信号，形成电子-空穴复合峰。其他样品也形成电子-空穴复合峰，只是峰的强度有所不同，进一步说明 Bi_2WO_6 和 Fe_2O_3 的复合不足以产生新的发光信号。样品在 550~600nm 处的发射峰的产生主要由于 $ZnFe_2O_4$ 相的光生电子和空穴复合。$ZnFe_2O_4$-Fe_2O_3、$ZnFe_2O_4$-Bi_2WO_6 和 $ZnFe_2O_4$-Fe_2O_3-Bi_2WO_6 样品的光致发光光谱的强度明显低于 $ZnFe_2O_4$ 样品，且 PL 谱强度为 $ZnFe_2O_4$-Fe_2O_3-Bi_2WO_6 < $ZnFe_2O_4$-Bi_2WO_6 < $ZnFe_2O_4$-Fe_2O_3 < $ZnFe_2O_4$，这说明 Fe_2O_3 和 Bi_2WO_6 与 $ZnFe_2O_4$

的复合使得光生载流子的复合受到了抑制，有利于光生载流子的分离，从而提高半导体的光催化活性。

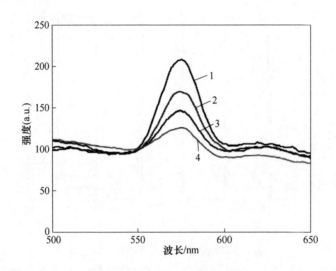

图 4-7　所制备样品的 PL 光谱

1—ZnFe$_2$O$_4$(S-z)；2—ZnFe$_2$O$_4$-Fe$_2$O$_3$(S-zf)；3—ZnFe$_2$O$_4$-Bi$_2$WO$_6$(S-zb)；

4—ZnFe$_2$O$_4$-Fe$_2$O$_3$-Bi$_2$WO$_6$(S-zfb)

4.3.8　光催化性能测试

图 4-8(a)是不同 ZnFe$_2$O$_4$ 基光催化剂在 500W 氙灯照射下对 RhB 溶液的降解曲线。从图中曲线可以看到，在经过 30min 的暗反应处理后，所有样品都达到了吸附—脱附平衡，ZnFe$_2$O$_4$、Bi$_2$WO$_6$、ZnFe$_2$O$_4$-Fe$_2$O$_3$、ZnFe$_2$O$_4$-Bi$_2$WO$_6$ 和 ZnFe$_2$O$_4$-Fe$_2$O$_3$-Bi$_2$WO$_6$ 空心纳米球对 RhB 溶液的吸附率范围为 16.8% ~ 18.9%，由此可知，空心结构增强了半导体对染料的吸附性能。虽然 ZnFe$_2$O$_4$ 基空心纳米球对染料的吸附效果相近，但是它们对 RhB 溶液的光降解效率不同，即可以忽略吸附对光催化效果的影响。从图 4-8(a) 中可以看出，在光照 120min 后，ZnFe$_2$O$_4$ 空心纳米球对 RhB 溶液的降解度只有 21.8%。对于 Bi$_2$WO$_6$、ZnFe$_2$O$_4$-Fe$_2$O$_3$、ZnFe$_2$O$_4$-Bi$_2$WO$_6$ 和 ZnFe$_2$O$_4$-Fe$_2$O$_3$-Bi$_2$WO$_6$ 空心纳米球，经过光照 120min 后，对 RhB 溶液的降解度分别达到 62.4%、35.1%、80.8% 和 94.3%，光催化降解效率 ZnFe$_2$O$_4$-Fe$_2$O$_3$-Bi$_2$WO$_6$ > ZnFe$_2$O$_4$-Bi$_2$WO$_6$ > Bi$_2$WO$_6$ > ZnFe$_2$O$_4$-Fe$_2$O$_3$ > ZnFe$_2$O$_4$。从光催化数据明显可以看出三元瀑布异质结构能够有效地提高其光催化效果。

在光催化反应中，污染物降解的反应动力学可以用一阶反应表示，即 Langmuir-Hinshelwood（L-H）模型[8]，动力学速率计算公式为 $r = \ln(c/c_o^e) = kt$。

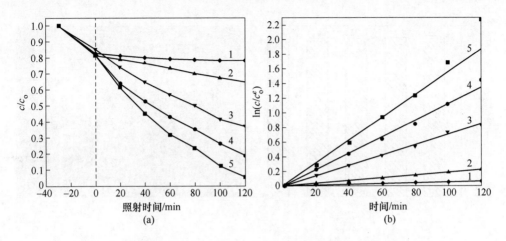

图 4-8　不同样品在可见光照射下降解 RhB 溶液的降解率曲线图（a）
和不同光催化剂降解 RhB 的动力学曲线（b）

1—$ZnFe_2O_4$（S-z）；2—$ZnFe_2O_4$-Fe_2O_3（S-zf）；3—Bi_2WO_6（S-b）；4—$ZnFe_2O_4$-Bi_2WO_6（S-zb）；

5—$ZnFe_2O_4$-Fe_2O_3-Bi_2WO_6（S-zfb）

通过图 4-8（b）中数据并计算得出，所制备的 $ZnFe_2O_4$、Bi_2WO_6、$ZnFe_2O_4$-Fe_2O_3、$ZnFe_2O_4$-Bi_2WO_6 和 $ZnFe_2O_4$-Fe_2O_3-Bi_2WO_6 样品对应的一阶速率常数 k 分别为 $0.000468min^{-1}$、$0.00667min^{-1}$、$0.00229min^{-1}$、$0.0108min^{-1}$ 和 $0.0150min^{-1}$。$ZnFe_2O_4$-Fe_2O_3-Bi_2WO_6 样品的 k 值与其他样品相比是最大的，降解速率约为 $ZnFe_2O_4$ 样品 30 倍。这和所有样品光催化活性曲线分析的结果相一致。

4.3.9　样品光催化循环和回收实验

光催化剂只有经过多次循环利用后且仍能保持原先的物理化学稳定性，才具有实际的应用性。图 4-9（a）是 $ZnFe_2O_4$-Fe_2O_3-Bi_2WO_6 空心纳米球在可见光照射下光降解 RhB 溶液的循环利用实验，经过 5 次光催化循环利用试验，$ZnFe_2O_4$-Fe_2O_3-Bi_2WO_6 空心纳米球的光降解效率仅仅降低了 3.9%，结果表明 $ZnFe_2O_4$-Fe_2O_3-Bi_2WO_6 空心纳米球具有稳定的物理化学性能。图 4-9（b）是 $ZnFe_2O_4$-Fe_2O_3-Bi_2WO_6 空心纳米球在磁场作用下，进行回收的实验，通过回收前后的对比可以清楚看出 $ZnFe_2O_4$-Fe_2O_3-Bi_2WO_6 空心纳米球易于回收。由图 4-9 可以得出结论，$ZnFe_2O_4$-Fe_2O_3-Bi_2WO_6 空心纳米球可以广泛应用于实际的污染物处理。

4.3.10　光催化机理

光降解实验表明不同催化剂的降解效率为 $ZnFe_2O_4$-Fe_2O_3-Bi_2WO_6 > $ZnFe_2O_4$-Bi_2WO_6 > Bi_2WO_6 > $ZnFe_2O_4$-Fe_2O_3 > $ZnFe_2O_4$，并且结论符合光电化学（PEC）测

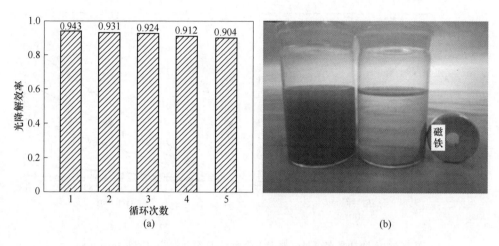

图 4-9   ZnFe$_2$O$_4$-Fe$_2$O$_3$-Bi$_2$WO$_6$ 空心纳米球的循环利用柱状图（a）
和 ZnFe$_2$O$_4$-Fe$_2$O$_3$-Bi$_2$WO$_6$ 空心纳米球的磁性可回收实验（b）

试结果和 PL 光谱结果。对于 ZnFe$_2$O$_4$、Fe$_2$O$_3$ 和 Bi$_2$WO$_6$ 半导体，ZnFe$_2$O$_4$ 拥有较宽的吸收边（540nm），这将促使在可见光照射下很容易产生电子－空穴对。α-Fe$_2$O$_3$ 导带边的位置（E_{CB} = 0.4V）低于 ZnFe$_2$O$_4$（E_{CB} = −0.5V），但是高于 Bi$_2$WO$_6$ 导带边的位置（E_{CB} = 0.6V）。因此，三元半导体的导带位置具有瀑布结构。两元半导体（ZnFe$_2$O$_4$-Fe$_2$O$_3$ 和 ZnFe$_2$O$_4$-Bi$_2$WO$_6$）的光催化活性高于 ZnFe$_2$O$_4$，主要归因于两元异质结有利于电子－空穴的分离。而 ZnFe$_2$O$_4$-Bi$_2$WO$_6$ 的光催化性能优于 ZnFe$_2$O$_4$-Fe$_2$O$_3$，主要原因是 Bi$_2$WO$_6$ 相比于 Fe$_2$O$_3$ 具有更正的导带势能。对于三元体系，ZnFe$_2$O$_4$-Fe$_2$O$_3$-Bi$_2$WO$_6$ 空心纳米球的光催化效果高于 ZnFe$_2$O$_4$、Bi$_2$WO$_6$ 和其他二元体系。该结果归因于三元瀑布结构，如图 4-10 所示。Bi$_2$WO$_6$ 具有更正的导带，可以接收来自 ZnFe$_2$O$_4$ 和 Fe$_2$O$_3$ 上的电子，并且稳定电子和空穴的分离，阻止其快速复合。将 α-Fe$_2$O$_3$ 和 ZnFe$_2$O$_4$-Bi$_2$WO$_6$ 复合，可以进一步提高三元复合光催化剂的催化效率[10]。结果表明，当 ZnFe$_2$O$_4$-Fe$_2$O$_3$-Bi$_2$WO$_6$ 空心纳米球中存在 α-Fe$_2$O$_3$ 时，将有利于光催化剂的电子－空穴对的分离和光电流密度的提高，结果如 PEC（见图 4-6）和 PL（见图 4-7）数据所示。同理，ZnFe$_2$O$_4$ 可以接收来自 Bi$_2$WO$_6$ 和 Fe$_2$O$_3$ 上的空穴，并且稳定电子和空穴的分离，阻止其快速复合。因此，电子聚集在 Bi$_2$WO$_6$ 表面，而空穴则聚集在 ZnFe$_2$O$_4$ 表面，分别氧化中间产物，从而起到分解污染物的作用。

空心结构也是提高 ZnFe$_2$O$_4$ 基空心纳米球的光催化性能的主要因素之一。众所周知，空心结构具有大的比表面积，能提供更多的活性位点，使其更加充分的与污染物接触，因此十分有利于光催化性能的提高。本章所制备的空心核壳层只有 15nm，这将十分有利于小分子物质的通过和光线的穿透，光在内壁进行多次

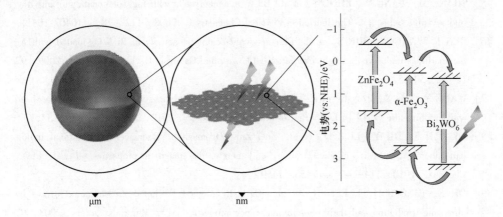

图 4-10　三元 $ZnFe_2O_4$-Fe_2O_3-Bi_2WO_6 空心纳米球提高光催化活性机理图

的折射，从而提高其对可见光的利用率。由于壳层特别薄，电子–空穴可以十分快速地到达催化剂的表面与污染物作用，从而减少其直接的复合。

　　本章以 PFS 为模板，通过浸渍—煅烧的工艺成功制备了三元 $ZnFe_2O_4$-Fe_2O_3-Bi_2WO_6 空心纳米球。$ZnFe_2O_4$ 基空心纳米球的粒径大小约为 230nm，壳层的厚度为 15nm。光催化实验结果表明 $ZnFe_2O_4$-Fe_2O_3-Bi_2WO_6 空心纳米球的光催化效果明显高于 $ZnFe_2O_4$、Bi_2WO_6 和其他两元复合催化剂，这是由于其匹配的瀑布结构异质结和空心结构，从而使得电子聚集在 Bi_2WO_6 表面，而空穴则聚集在 $ZnFe_2O_4$ 表面，分别氧化还原中间产物，从而起到分解污染物的作用。并且 $ZnFe_2O_4$-Fe_2O_3-Bi_2WO_6 空心纳米球经过多次的循环利用，仍然保持其稳定的光催化活性，并且在磁场作用下可以有效地进行分离。本章研究还提供了一个简单高效的方法制备复合空心光催化剂。

参 考 文 献

[1] SHANG M, WANG W Z, ZHANG L, et al. 3D Bi_2WO_6/TiO_2 hierarchical heterostructure：Controllable synthesis and enhanced visible photocatalytic degradation performances [J]. Journal of Physical Chemistry C, 2009, 113（33）：14727-14731.

[2] GUI M S, ZHANG W D. Preparation and modification of hierarchical nanostructured Bi_2WO_6 with high visible lightinduced photocatalytic activity [J]. Nanotechnology, 2011, 22（26）：265601-265610.

[3] CHEN C, MA W, ZHAO J. Semiconductor-mediated photodegradation of pollutants under visible-light irradiation [J]. Chemical Society Reviews, 2010, 39（11）：4206-4219.

[4] ZHANG H, MING H, LIAN S, et al. Fe_2O_3/carbon quantum dots complex photocatalysts and their enhanced photocatalytic activity under visible light [J]. Dalton Transactions, 2011, 40（41）：10822-10825.

[5] SHANG M, WANG W, ZHOU S, et al. Bi$_2$WO$_6$ nanocrystals with high photocatalytic activities under visible light [J]. The Journal of Physical Chemistry C, 2008, 112 (28): 10407-10411.

[6] REN J, WANG W, SUN S, et al. Enhanced photocatalytic activity of Bi$_2$WO$_6$ loaded with Ag nanoparticles under visible light irradiation [J]. Applied Catalysis B: Environmental, 2009, 92 (1-2): 50-55.

[7] WANG Y, BAI X, PAN C, et al. Enhancement of photocatalytic activity of Bi$_2$WO$_6$ hybridized with graphite-like C$_3$N$_4$ [J]. Journal of Materials Chemistry, 2012, 22 (23): 11568-11573.

[8] QIAN H S, HU Y, LI Z Q, et al. ZnO/ZnFe$_2$O$_4$ magnetic fluorescent bifunctional hollow nanospheres: Synthesis, characterization, and their optical/magnetic properties [J]. J. Phys. Chem. C, 2010, 114 (41): 17455-17459.

[9] OH E, JUNG S H, LEE K H, et al. Vertically aligned Fe-doped ZnO nanorod arrays by ultrasonic irradiation and their photoluminescence properties [J]. Materials Letters, 2008, 62 (19): 3456-3458.

[10] LU D B, ZHANG Y, LIN S X, et al. Synthesis of magnetic ZnFe$_2$O$_4$/graphene composite and its application in photocatalytic degradation of dyes [J]. Journal of Alloys and Compounds, 2013, 579: 336-342.

5 $ZnFe_2O_4$-ZnO-Ag_3PO_4 空心光催化剂的制备及其性能研究

5.1 引　言

Ag_3PO_4 光响应范围小于 530nm，其光生载流子的利用率可以达到 90% 以上，具有很好应用前景。然而 Ag_3PO_4 微溶于水，且很容易发生光化学腐蚀，产生银单质，致使其应用受到限制。采取复合的方法可以有效防止 Ag_3PO_4 的腐蚀。$ZnFe_2O_4$ 是窄禁带半导体材料，其本身不仅具有磁性，通过外加磁场可以进行有效聚集[1-2]，而且还具有良好的光催化性能，它的能带宽度为 1.9eV，这就意味着只要波长小于 700nm 的光源照射就可受到激发，发生电子空穴的分离，表现出催化活性。在众多的氧化物中，ZnO 具有可见光催化活性和热稳定性而备受关注。ZnO 的价带位置（$E_{CB} = -3.1V$）低于 $ZnFe_2O_4$ 的价带位置（$E_{CB} = -0.5V$），并且高于 Ag_3PO_4 的价带位置（$E_{CB} = 0.44V$），当它们三者进行复合，$ZnFe_2O_4$ 上的电子可以传递到 ZnO 再到 Ag_3PO_4 上，使电子空穴有效分离。

然而对于它们三相复合的研究不多。基于上述分析讨论，本章制备了 $ZnFe_2O_4$-ZnO-Ag_3PO_4 空心光催化剂，通过对 RhB 的降解来测试不同催化剂的光催化性能，讨论了复合半导体的结构和成分对其催化性能的影响，并对所制备的复合催化剂的合成机理和催化机理进行研究。

5.2 实　验　部　分

5.2.1 试剂和仪器

试验所用试剂有硝酸银（$AgNO_3$，99.8%，天津市天力化学试剂有限公司）、磷酸三钠（$Na_3PO_4 \cdot 12H_2O$，98.0%，郑州派尼化学试剂厂），其余药品同 3.2.1 节。

实验所用仪器同 3.2.1 节。

5.2.2 酚醛树脂微球的制备

酚醛树脂微球的制备方法和过程同 2.2.2 节。

5.2.3　$ZnFe_2O_4$-ZnO 空心纳米球的制备

$ZnFe_2O_4$-ZnO 空心纳米球的制备方法和过程同 3.2.3 节。

5.2.4　$ZnFe_2O_4$-ZnO-Ag_3PO_4 空心纳米球的制备

采用共沉淀的方法制备 $ZnFe_2O_4$-ZnO-Ag_3PO_4 空心光催化剂，具体过程如下：取 1g 提前制备好的 $ZnFe_2O_4$-ZnO 空心纳米球溶于 40mL 乙醇中，超声 15min，随后加入 0.006mol 的 $AgNO_3$，磁力搅拌 20min。在另一个烧杯中，配制 50mL 含有 0.002mol 的 Na_3PO_4 乙醇溶液，并将此溶液逐滴加入 $AgNO_3$ 乙醇溶液中，继续在 80℃的水浴锅中缓慢搅拌 3h 后，离心，分别再经三次醇洗和三次水洗，除去溶液中未反应的离子物质，在 50℃条件下干燥 24h。$ZnFe_2O_4$-Ag_3PO_4 空心纳米球的制备方法同 $ZnFe_2O_4$-ZnO-Ag_3PO_4 空心纳米球，只不过起始加入 $ZnFe_2O_4$ 空心纳米球。与此制备方法相同，在不加入 $ZnFe_2O_4$-ZnO 空心球的前提下，制备出纯的 Ag_3PO_4 纳米粉体。

5.2.5　样品的分析与表征

样品的分析与表征方法同 3.2.4 节。

5.2.6　样品的光催化活性和光电性能的测试

样品的光催化活性和光电性能的测试方法同 3.2.5 节。

5.3　实验结果分析

5.3.1　$ZnFe_2O_4$-ZnO-Ag_3PO_4 空心纳米球的形成机理

$ZnFe_2O_4$-ZnO-Ag_3PO_4 空心纳米球的形成机理如图 5-1 所示，$ZnFe_2O_4$-ZnO 空心纳米球的形成机理与 $ZnFe_2O_4$ 空心纳米球相似（机理同 3.3.1 节）。合成 $ZnFe_2O_4$-ZnO-Ag_3PO_4 空心纳米球需利用乙醇作为溶剂形成 $ZnFe_2O_4$-ZnO 和 Ag_3PO_4 异质结。开始先将 $AgNO_3$ 粉体溶解到 $ZnFe_2O_4$-ZnO 乙醇溶液中，使 Ag^+ 可以渗透到 $ZnFe_2O_4$-ZnO 壳层的孔隙中，然后再加入 Na_3PO_4 的乙醇溶液，PO_4^{3-} 和 Ag^+ 间相互作用，进而可以生成结晶度良好的 Ag_3PO_4 晶体，由于之前有部分 Ag^+ 在 $ZnFe_2O_4$-ZnO 壳层的孔隙中，使生成的 Ag_3PO_4 粒子也有部分存在于壳层的孔隙中，使得 $ZnFe_2O_4$-ZnO 与 Ag_3PO_4 间形成良好的异质结。再经过乙醇洗涤处理，$ZnFe_2O_4$-ZnO 空心球表面的 PO_4^{3-} 和 Ag^+ 几乎可以完全除去。随后干燥处理，便可得到三元 $ZnFe_2O_4$-ZnO-Ag_3PO_4 空心纳米球。

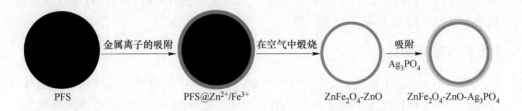

图 5-1 ZnFe$_2$O$_4$-ZnO-Ag$_3$PO$_4$ 空心纳米球的形成机理示意图

5.3.2 样品的 XRD 分析

图 5-2 （a）是所制备的 ZnFe$_2$O$_4$、ZnFe$_2$O$_4$-ZnO、ZnFe$_2$O$_4$-Ag$_3$PO$_4$ 和 ZnFe$_2$O$_4$-ZnO-Ag$_3$PO$_4$ 复合物的 X 射线衍射图谱，从图中可以看出，位于曲线 1 的 18.20°、29.93°、35.30°、36.82°、42.90°、46.95°、53.17°、56.69°、62.25° 和 73.50° 处的衍射峰与立方晶系的 ZnFe$_2$O$_4$（JCPDS 卡：77-0011）相对应，并且曲线 2、3 和 4 相应的位置也可以检测到。位于曲线 2 和 4 的 31.58°、34.30°、36.08°、47.58° 和 62.94° 处的衍射峰与 ZnO 标准卡片（JCPDS 卡：89-0510）很好地吻合。另外，位于曲线 3 和 4 的 20.90°、29.74°、33.34°、47.86°、52.74°、55.08° 和 57.34° 处的衍射峰所对应的是 Ag$_3$PO$_4$（JCPDS 卡：74-1876）。由此曲线 4 所对应的样品为 ZnFe$_2$O$_4$-ZnO-Ag$_3$PO$_4$。此外，所得到的三元 ZnFe$_2$O$_4$-ZnO-Ag$_3$PO$_4$ 中没有发现其他杂峰的出现，且衍射峰尖锐、强度高，说明所制备的样品纯度高、结晶度好。图 5-2(b) 是所制备出的 ZnFe$_2$O$_4$-ZnO-Ag$_3$PO$_4$ 复合物的 EDS 能谱，由

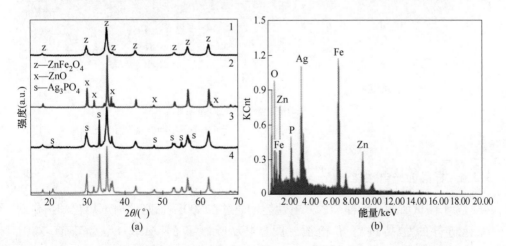

(a)

(b)

图 5-2 所制备样品的 XRD 图谱（a）和 ZnFe$_2$O$_4$-ZnO-Ag$_3$PO$_4$ 的 EDS 能谱（b）

1—ZnFe$_2$O$_4$；2—ZnFe$_2$O$_4$-ZnO；3—ZnFe$_2$O$_4$-Ag$_3$PO$_4$；4—ZnFe$_2$O$_4$-ZnO-Ag$_3$PO$_4$

图可以看出，只检测到 Fe、Zn、O、Ag 和 P 元素，说明所得到的物质没有杂质，且所得到的结果与 XRD 数据相一致。

5.3.3　样品的形貌分析

图 5-3（a）是在水热 100℃条件下所制备酚醛树脂微球的扫描照片，由图可以看出，球体粒径的大小为 510nm。图 5-3（b）是 ZnFe$_2$O$_4$-ZnO 空心纳米球的扫描照片。ZnFe$_2$O$_4$-ZnO 空心纳米球是通过热分解 PFS 和致密化 ZnFe$_2$O$_4$ 和 ZnO 所得到的。图 5-3（b）中 ZnFe$_2$O$_4$-ZnO 空心纳米球保持了其原有的球形原貌，只不过粒径小于其母系前驱物的粒径，在煅烧的过程中，其粒径由之前的 510nm 收缩到 230nm，收缩率为 55%。图 5-3（c）是三元 ZnFe$_2$O$_4$-ZnO-Ag$_3$PO$_4$ 复合物的扫描照片，可以看出，所制备的样品单分散性良好，并且表面较为粗糙。可以联想到，复合物表面上的皱纹有利于光的吸收，由于光可以在其表面多次折射，增加了催化剂对可见光的吸收效率。并且还可以发现，所制备的样品具有空心结构。合成样品的粒径大小为 230nm，壳层的厚度为 15nm，得到的结果与扫描结果相一致。相比母系前驱物 ZnFe$_2$O$_4$-ZnO 空心纳米球，ZnFe$_2$O$_4$-ZnO-Ag$_3$PO$_4$ 空心纳米球粒径保持不变。在光催化反应过程中，所制备的样品空心核壳层只有 15nm，这将十分有利于小分子物质的通过和光线的穿透，光在内壁进行多次的折射，从而提高其对可见光的利用率。由于壳层特别薄，电子空穴可以十分快速地到达催化剂的表面，与污染物作用，从而减少其直接的复合。

图 5-3　所制备样品的扫描照片

（a）PFS；（b）ZnFe$_2$O$_4$-ZnO 空心纳米球；（c）三元 ZnFe$_2$O$_4$-ZnO-Ag$_3$PO$_4$ 空心纳米球

5.3.4　样品的光电性能分析

为了测试所制备的样品的光电性能，通过在 300W 氙灯照射下用化学工作站对所制备的样品进行了检测。图 5-4 为所制备的 ZnFe$_2$O$_4$、ZnFe$_2$O$_4$-ZnO、ZnFe$_2$O$_4$-Ag$_3$PO$_4$ 和 ZnFe$_2$O$_4$-ZnO-Ag$_3$PO$_4$ 电极的瞬间光电流响应曲线，从图中可以看出，其电极的光电流密度分别为 1μA/cm^2、8μA/cm^2、15μA/cm^2 和 19μA/

cm^2。在实验中，$ZnFe_2O_4$-ZnO 和 $ZnFe_2O_4$-Ag_3PO_4 电极的电流密度明显高于 $ZnFe_2O_4$。然而当 $ZnFe_2O_4$、ZnO 和 Ag_3PO_4 三元复合时，$ZnFe_2O_4$-ZnO-Ag_3PO_4 电极的电流密度明显的增强，其原因为 $ZnFe_2O_4$、ZnO 和 Ag_3PO_4 间的协同作用。通常情况下，高的光电流密度表示有更多的电子 – 空穴的分离。与纯 $ZnFe_2O_4$ 相比，$ZnFe_2O_4$-ZnO、$ZnFe_2O_4$-Ag_3PO_4 和 $ZnFe_2O_4$-ZnO-Ag_3PO_4 电极展现出较高的光电流密度，这可能是由于 $ZnFe_2O_4$、ZnO 和 Ag_3PO_4 复合，促进了光生电子和空穴的转移，并抑制光生电荷的复合速率。

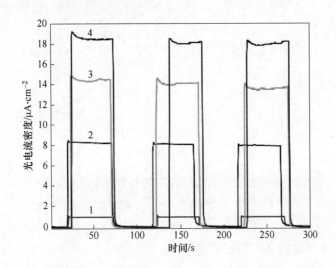

图 5-4　不同电极在可见光下的电流响应曲线
1—$ZnFe_2O_4$；2—$ZnFe_2O_4$-ZnO；3—$ZnFe_2O_4$-Ag_3PO_4；4—$ZnFe_2O_4$-ZnO-Ag_3PO_4

5.3.5 光催化性能测试

图 5-5 是不同 $ZnFe_2O_4$ 基光催化剂在 500W 氙灯照射下对 RhB 溶液的降解曲线。从图中可以看到，在经过 30min 的暗反应处理后，所有样品都达到了吸附—脱附平衡，Ag_3PO_4 对 RhB 溶液的吸附率为 68%，$ZnFe_2O_4$、$ZnFe_2O_4$-ZnO、$ZnFe_2O_4$-Ag_3PO_4 和 $ZnFe_2O_4$-ZnO-Ag_3PO_4 对 RhB 溶液的吸附率在 16.9% ~ 18.5% 之间，由此可知，空心结构增强了半导体对染料的吸附性能。虽然空心纳米球对染料的吸附效果相近，但是它们对 RhB 溶液的光降解效率不同，即可以忽略吸附对光催化效果的影响。从图中可以看出，在光照 120min 后，$ZnFe_2O_4$ 空心纳米球对 RhB 溶液的降解度只有 21.8%。对于 Ag_3PO_4、$ZnFe_2O_4$-ZnO、$ZnFe_2O_4$-Ag_3PO_4 和 $ZnFe_2O_4$-ZnO-Ag_3PO_4 空心纳米球，经过光照 120min 后，对 RhB 溶液的降解度分别达到 74.3%、51.2%、81.6% 和 96.1%，光催化降解效率 $ZnFe_2O_4$-ZnO-Ag_3PO_4 > $ZnFe_2O_4$-Ag_3PO_4 > Ag_3PO_4 > $ZnFe_2O_4$-ZnO >

$ZnFe_2O_4$。从光催化数据明显可以看出三元瀑布异质结构构能有效提高其光催化效果。

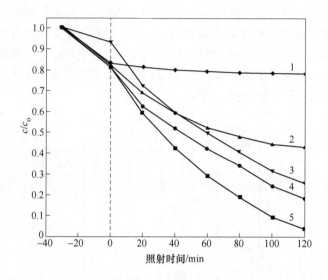

图 5-5　不同样品在可见光照射下降解 RhB 溶液的降解率曲线

1—$ZnFe_2O_4$；2—$ZnFe_2O_4$-ZnO；3—$ZnFe_2O_4$-Ag_3PO_4；4—$ZnFe_2O_4$-ZnO-Ag_3PO_4；5—Ag_3PO_4

5.3.6　样品光催化循环和回收实验

　　光催化剂只有经过多次循环利用后，且仍保持原先的物理化学稳定性，才具有实际应用价值。图 5-6（a）是 $ZnFe_2O_4$-ZnO-Ag_3PO_4 空心纳米球在可见光照射下光降解 RhB 溶液的循环利用实验结果，经过 5 次光催化循环利用试验，$ZnFe_2O_4$-ZnO-Ag_3PO_4 空心纳米球的光降解效率仅仅降低了 4.7%，结果表明 $ZnFe_2O_4$-ZnO-Ag_3PO_4 空心纳米球具有稳定的物理化学性能。图 5-6（b）是 $ZnFe_2O_4$-ZnO-Ag_3PO_4 空心纳米球在磁场作用下进行回收的实验，由回收前后的对比可以清楚看出，$ZnFe_2O_4$-ZnO-Ag_3PO_4 空心纳米球易于回收。由图 5-6 可以得出结论，$ZnFe_2O_4$-ZnO-Ag_3PO_4 空心纳米球可以广泛应用于实际的污染物处理。

5.3.7　光催化机理

　　光降解实验结果表明不同催化剂的降解效率依次为 $ZnFe_2O_4$-ZnO-Ag_3PO_4 > $ZnFe_2O_4$-Ag_3PO_4 > Ag_3PO_4 > $ZnFe_2O_4$-ZnO > $ZnFe_2O_4$，并且结论与 PEC 和 PL 结果相一致。对于 $ZnFe_2O_4$、ZnO 和 Ag_3PO_4 半导体，$ZnFe_2O_4$ 拥有较宽的吸收边（540nm），这将促使其在可见光照射下很容易产生电子 - 空穴对。ZnO 导带边的位置（E_{CB} = -0.3V）低于 $ZnFe_2O_4$（E_{CB} = -0.5V），但是高于 Ag_3PO_4 导带边

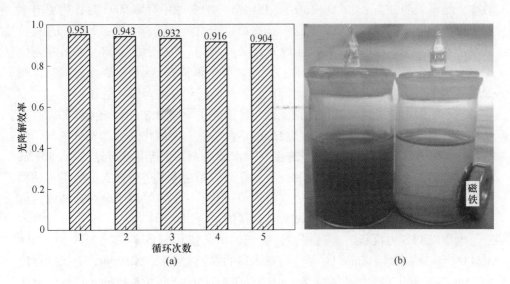

图 5-6　$ZnFe_2O_4$-ZnO-Ag_3PO_4 空心纳米球的循环利用柱状图（a）

和 $ZnFe_2O_4$-ZnO-Ag_3PO_4 空心纳米球的磁性可分离实验（b）

的位置（$E_{CB} = 0.4V$）。因此，三元半导体的导带位置具有瀑布结构。两元半导体（$ZnFe_2O_4$-Ag_3PO_4 和 $ZnFe_2O_4$-ZnO）的光催化活性高于 $ZnFe_2O_4$，主要归结于两元异质结有利于电子－空穴的分离。而 $ZnFe_2O_4$-Ag_3PO_4 的光催化性能优于 $ZnFe_2O_4$-ZnO，主要原因是 Ag_3PO_4 相比于 ZnO 具有更正的导带。对于三元体系，$ZnFe_2O_4$-ZnO-Ag_3PO_4 空心纳米球的光催化效果高于 $ZnFe_2O_4$、Ag_3PO_4 和其他二元体系。该结果归结于三元瀑布结构，如图 5-7 所示。Ag_3PO_4 具有更正的导带，可以接收来自 $ZnFe_2O_4$ 和 ZnO 上的电子，并且稳定电子和空穴的分离，阻止其快速复合。将 ZnO 和 $ZnFe_2O_4$-Ag_3PO_4 复合可以进一步提高二元复合光催化剂的催化

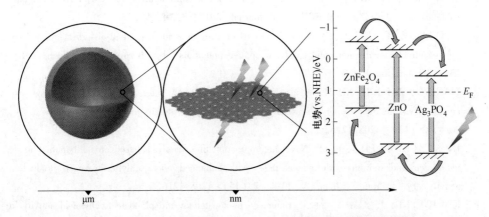

图 5-7　三元 $ZnFe_2O_4$-ZnO-Ag_3PO_4 空心纳米球提高光催化活性机理图

效率。结果表明，当 $ZnFe_2O_4$-ZnO-Ag_3PO_4 空心纳米球中存在 ZnO 时，将更有利于光催化剂电子空穴对的分离，进一步提高了光电流密度，结果如 PEC（图 5-4）数据所示。同理，$ZnFe_2O_4$ 可以接收来自 ZnO 和 Ag_3PO_4 上的空穴，并且稳定电子和空穴的分离，阻止其快速复合。因此，电子聚集在 Ag_3PO_4 表面，而空穴则聚集在 $ZnFe_2O_4$ 表面，分别氧化中间产物，从而起到分解污染物的作用[3-7]。

空心结构也是提高三元催化剂光催化性能的主要因素之一。众所周知，空心结构具有大的比表面积，能够提供更多的活性位点，使催化剂更加充分的与污染物接触，十分有利于光催化性能的提高。本章所制备的空心核壳层只有 15nm，将十分有利于小分子物质的通过和光线的穿透，光在内壁进行多次的折射，从而提高其对可见光的利用率。由于壳层特别薄，电子-空穴可以十分快速地到达催化剂的表面与污染物作用，从而减少其直接的复合。

本章以 PFS 为模板，通过浸渍—煅烧的工艺成功制备了三元 $ZnFe_2O_4$-ZnO-Ag_3PO_4 空心纳米球。$ZnFe_2O_4$ 基空心纳米球的粒径大小约为 230nm，壳层的厚度为 15nm。光催化实验结果表明 $ZnFe_2O_4$-ZnO-Ag_3PO_4 空心纳米球的光催化效果明显高于 $ZnFe_2O_4$、Ag_3PO_4 和其他两元复合催化剂，这是由于其匹配的瀑布结构异质结和空心结构，从而使得电子聚集在 Ag_3PO_4 表面，而空穴则聚集在 $ZnFe_2O_4$ 表面，分别氧化中间产物，从而起到分解污染物的作用。并且 $ZnFe_2O_4$-ZnO-Ag_3PO_4 空心纳米球经过多次的循环利用，仍然保持其稳定的光催化活性，并且在磁场作用下可以进行有效分离。本章研究还提供了一个简单高效的方法制备复合空心光催化剂。

参 考 文 献

[1] JIANG W J, CAI Q, XU W, et al. Cr(Ⅵ) adsorption and reduction by humic acid coated on magnetite [J]. Environ. Sci. Technol, 2014, 48 (14): 8078-8085.

[2] JIANG W J, PELAEZ M, DIONYSIOU D D, et al. Chromium(Ⅵ) removal by maghemite nanoparticles [J]. Chemical Engineering Journal, 2013, 222: 527-533.

[3] MAYER M T, DU C, WANG D W. Hematite/Si nanowire dual-absorber system for photoelectrochemical water splitting at low applied potentials [J]. J. Am. Chem. Soc., 2012, 134 (30): 12406-12409.

[4] LIANG N, ZAI J T, XU M, et al. Novel Bi_2S_3/$Bi_2O_2CO_3$ heterojunction photocatalysts with enhanced visible light responsive activity and wastewater treatment [J]. J. Mater. Chem. A, 2014, 2 (12): 4208-4216.

[5] HU S J, CHI B, PU J, et al. Novel heterojunction photocatalysts based on lanthanum titanate nanosheets and indium oxide nanoparticles with enhanced photocatalytic hydrogen production activity [J]. J. Mater. Chem. A, 2014, 2 (45): 4208-4216.

[6] KIM H I, KIM J, KIM W, et al. Enhanced photocatalytic and photoelectrochemical activity in the ternary hybrid of CdS/TiO_2/WO_3 through the cascadal electron transfer [J]. J. Phys. Chem.

C, 2011, 115 (19): 9797-9805.

[7] LEE Y L, CHI C F, LIAU S Y, et al. CdS/CdSe co-sensitized TiO_2 photoelectrode for efficient hydrogen generation in a photoelectrochemical cell [J]. Chem. Mater, 2010, 22 (3): 922-927.

6 ZnFe$_2$O$_4$-Ag 光催化剂的制备及其性能研究

6.1 引 言

在光催化剂表面负载纳米金属粒子是提高光催化效率的一种有效途径[1-2]。半导体与金属粒子之间可以形成肖特基结，抑制光生载流子的复合[3-5]，同时，负载的纳米金属颗粒具有局域表面等离子体共振效应，纳米颗粒可以和入射光发生共振作用，在纳米金属粒子周围产生电荷集聚和振荡，促使近场区域产生强烈的电磁场，增强复合体系的对光的吸收、转换和电子传输效率[6-8]。因此纳米金属/半导体复合光催化剂受到很大重视，如 Ming Nie 等人采用水热法制备的棒状 Ag/ZnO 复合光催化剂，在紫外光下降解 RhB 溶液，光照 70min 后 Ag/ZnO 降解率可以达到 95.3%，而纯的 ZnO 降解率仅为 51.2%[9]。同样的，Ag/TiO$_2$ 纳米纤维比纯 TiO$_2$ 光催化效率有大幅度提升[10]。近些年来，国内外围绕 M/TiO$_2$（M = Ag、Au 和 Pt）、Ag/AgX（X = Cl、Br 和 I）、M/Ag$_3$PO$_4$[11-14]等体系开展了大量的研究，研究表明经纳米贵金属的负载，复合体系的光催化性能都较单一体系的半导体有所提升。

基于上述分析讨论，本章制备了 ZnFe$_2$O$_4$-Ag 空心纳米光催化剂，通过对 RhB 的降解来测试不同催化剂的光催化性能，讨论了复合半导体的结构和成分对其催化性能的影响，并对所制备的复合催化剂的合成机理和催化机理进行研究。

6.2 实 验 部 分

6.2.1 试剂和仪器

实验所用试剂有硝酸银（AgNO$_3$，99.8%，天津市天力化学试剂有限公司），其余药品同 3.2.1 节。

实验所用仪器同 3.2.1 节。

6.2.2 酚醛树脂微球的制备

酚醛树脂微球（PFS）的制备方法和过程同 2.2.2 节。

6.2.3 ZnFe₂O₄ 空心纳米光催化剂的制备

采用模板剂法制备了 ZnFe₂O₄ 空心纳米光催化剂。将 20mL 含 2mol/L Fe(NO₃)₃ 和 0.1mol/L Zn(NO₃)₂ 的混合物放入 100mL 烧杯中并搅拌溶解形成透明溶液。将 0.5g 制备的 PFS 添加到上述混合溶液中并通过超声处理使其分散均匀。将吸附金属离子的 PFS 以 0.5℃/min 的升温速率加热至 700℃，静置 3h，自然冷却至室温。块状 ZnFe₂O₄ 的制备方法与纳米 ZnFe₂O₄ 相同，只是不添加 PFS，然后用研钵粉碎。

6.2.4 ZnFe₂O₄-Ag 空心纳米球的制备

采用光还原的方法制备 ZnFe₂O₄-Ag。在黑暗条件下，将 0.2mmol AgNO₃ 分散到 50mL 去离子水中，并强烈搅拌形成透明溶液。把已经制备好的 0.5g ZnFe₂O₄ 加到上述混合溶液中，伴随超声波处理使其分散均匀。在 500W 氙灯照射下，混合溶液搅拌 0.5h，随后经过滤、洗涤、80℃ 干燥 48h 处理，最后得到 ZnFe₂O₄-Ag 粉体。

当加入 AgNO₃ 的量分别为 0.1mmol、0.15mmol、0.2mmol 和 0.25mmol 时，对应的 Ag-ZnFe₂O₄ 分别记为 AZ-1、AZ-2、AZ-3 和 AZ-4。

6.2.5 样品的分析与表征

样品的分析与表征方法同 3.2.4 节。

6.2.6 样品的光催化活性和光电性能的测试

样品的光催化活性和光电性能的测试方法同 3.2.5 节。

为了检测光催化体系中的活性物质，分别加入 1mmol 对苯醌（BQ）、1mmol 异丙醇（IPA）和 1mmol 草酸铵（AO）作为 $\cdot O^{2-}$、$\cdot OH$ 和 h^+ 的自由基捕捉剂进行自由基捕捉实验。实验方法与光催化性能实验相似。

6.3 实验结果分析

6.3.1 样品的 XRD 分析

ZnFe₂O₄ 基光催化剂的 XRD 图如图 6-1 所示。可以清晰地发现，曲线 a 和 b 在 18.16°、29.96°、35.34°、42.86°、53.26°、56.7° 和 62.34° 处存在衍射峰，其分别对应 ZnFe₂O₄（JCPDS 卡：22-1012）的（111）（220）（311）（400）（422）

（511）和（440）面心立方结构。在曲线 b 中，38.02°、44.24°和 64.62°处的峰与 Ag（JCPDS 卡：04-783）的（111）（200）和（222）晶面具有很好的一致性。因此，曲线 b 所对应的物质为 ZnFe₂O₄-Ag。此外，在图 6-1 中没有发现其他杂峰，衍射峰尖锐，强度高，说明制备的样品纯度高、结晶度好。

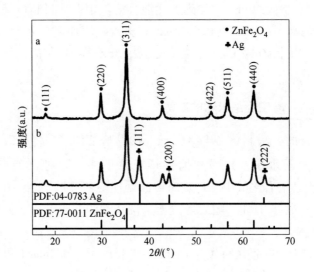

图 6-1   ZnFe₂O₄ 基光催化剂的 XRD 图谱

a—ZnFe₂O₄；b—ZnFe₂O₄-Ag

6.3.2   样品的形貌分析

众所周知，光催化剂的结构对污染物的光降解性能有很大的影响。如图 6-2（a）所示，扫描电镜显示 PFS 的尺寸分布较窄，平均直径约为 510nm，表面光滑。在图 6-2（a）中，很容易发现 PFS 粒径分布范围窄，粒径大小均匀，有利于下一步 ZnFe₂O₄ 空心纳米核壳结构的构建。图 6-2（b）是 ZnFe₂O₄-Ag 的 SEM 图，由图中可以看出样品形状为球形，粒径大小均匀，约为 280nm。同时可以发现样品表面比较粗糙，这可以增加其对太阳光的吸收。图 6-2（c）是 ZnFe₂O₄-Ag 的 TEM 图，可以清楚地看到样品的边缘颜色较深，内部颜色较浅，壳层厚度约为 24nm，这充分说明制备的样品具有空心纳米结构。且从 TEM 图可以看出球壳中有大量白色的小区域，说明壳体上存在许多小孔，该现象是因为球壳的厚度很薄，太阳光很容易从球壳的表面穿过。

从图 6-2 可以看出，样品具有空心纳米结构，壳层较薄，说明样品的大比表面积有利于吸收阳光，增加了与污染物的接触频率，这将大大促进样品对污染物的光催化降解性能。

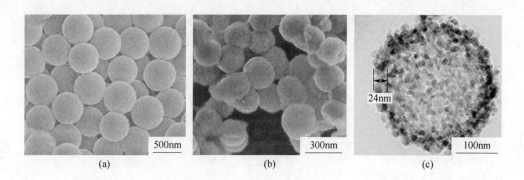

图 6-2　所制备样品的 SEM 和 TEM 图

（a）酚醛树脂微球的 SEM 图；（b）$ZnFe_2O_4$-Ag 的 SEM 图；（c）$ZnFe_2O_4$-Ag 的 TEM 图

6.3.3　样品的光电性能分析

　　光催化剂的光电转换效率对降解污染物起至关重要的作用，当光电转换效率越高时，产生的光电流强度越高，对降解污染物将越有利。为了研究光催化剂在可见光下的光电流响应情况，图 6-3 为 300W 氙灯光源照射下 $ZnFe_2O_4$ 基光催化剂的光电流响应曲线。从图中曲线可以看出，块状 $ZnFe_2O_4$、纳米 $ZnFe_2O_4$、AZ-1、AZ-2、AZ-3 和 AZ-4 的光电流密度分别为 $0.4\mu A/cm^2$、$1.2\mu A/cm^2$、$4.9\mu A/cm^2$、$6.4\mu A/cm^2$、$7.3\mu A/cm^2$ 和 $8.1\mu A/cm^2$。$ZnFe_2O_4$-Ag 的光电流密度高于块状 $ZnFe_2O_4$ 和纳米 $ZnFe_2O_4$，进一步证明负载 Ag 的 $ZnFe_2O_4$ 有利于提高光催化剂的光转换效率。

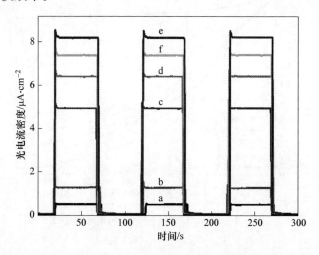

图 6-3　$ZnFe_2O_4$ 基光催化剂的光电流响应曲线

a—块状 $ZnFe_2O_4$；b—纳米 $ZnFe_2O_4$；c—AZ-1；d—AZ-2；e—AZ-3；f—AZ-4

为了研究 Ag 改性含量对 ZnFe₂O₄-Ag 复合体系的影响，随着负载 Ag 量的增加，AZ-1、AZ-2、AZ-3、AZ-4 对应样品的光电流强度先增大后减小。当 AgNO₃ 溶液浓度为 0.2mmol 时，ZnFe₂O₄-Ag 光电流强度最高，表明适当地负载 Ag 有利于提高光电转换效率。由于 Ag 负载在 ZnFe₂O₄ 表面，有利于电子从 ZnFe₂O₄ 转移到 Ag，减少电子–空穴对复合。然而，当负载 Ag 量过高时，ZnFe₂O₄ 对可见光的吸收量降低，增加了电子–空穴对的复合率，有效光生电子密度会降低，进一步降低光降解效率。

6.3.4   光催化性能测试

图 6-4 为可见光照射下 ZnFe₂O₄ 基光催化剂降解 RhB 溶液的实验数据。暗处理 30min 后，块状 ZnFe₂O₄、纳米 ZnFe₂O₄、AZ-1、AZ-2、AZ-3 和 AZ-4 均达到吸附—脱附平衡。块状 ZnFe₂O₄ 对 RhB 溶液的吸附率约为 4%，而 ZnFe₂O₄ 基空心纳米光催化剂的吸附率约为 17%，表明该工艺制备的空心纳米样品具有较大的比表面积，有利于光催化反应的进行。所有样品分别用 500W 氙灯照射 180min。块状 ZnFe₂O₄ 和纳米 ZnFe₂O₄ 对 RhB 溶液的降解率约为 12% 和 39%，而 AZ-1、AZ-2、AZ-3 和 AZ-4 对 RhB 溶液的降解率分别达到 79%、86%、97% 和 91%。从图 6-4 中可以清楚地发现，随着负载 Ag 量的增加，AZ-1、AZ-2、AZ-3、AZ-4 对应样品的光催化活性均呈先增大后减小的趋势。当 AgNO₃ 物质的量为 0.2mmol 时，ZnFe₂O₄-Ag 的光降解效率最强。

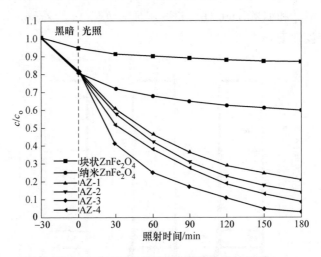

图 6-4   ZnFe₂O₄ 基光催化剂的光降解曲线

6.3.5   样品光催化循环和回收实验

光催化剂只有经过多次循环降解污染物并保持稳定的催化性能才具有实用

性。图6-5(a) 显示了 $ZnFe_2O_4$-Ag 光催化剂对 RhB 溶液的循环降解情况，由图中数据可以看出，经过 5 次循环光降解实验，$ZnFe_2O_4$-Ag 的催化性能仅下降了2.8%，这进一步证明了 $ZnFe_2O_4$-Ag 的物理化学性质稳定。图6-5(b) 为 $ZnFe_2O_4$-Ag 磁性回收实验，其中 A 为 $ZnFe_2O_4$-Ag 均匀分散在水中的图片，B 为 A 在磁力作用下聚集的图片，证明了 $ZnFe_2O_4$-Ag 光催化剂在磁性环境中易于回收。图6-4 和图6-5 进一步证明了 $ZnFe_2O_4$-Ag 的实用性。

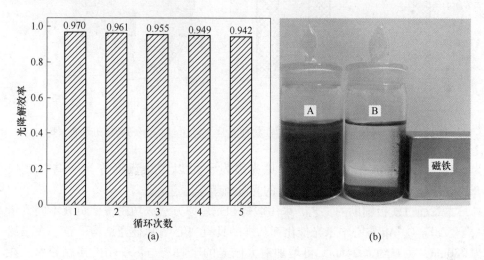

图6-5　$ZnFe_2O_4$-Ag 的光降解循环实验（a）和回收实验（b）

A—分离前；B—分离后

6.3.6　活性物种实验和光催化机理

如图6-6(a) 所示，通过活性物种捕捉实验，用 $ZnFe_2O_4$-Ag 分解 RhB，分别用对苯醌（BQ）、异丙醇（IPA）、草酸铵（AO）作为·O_2^-、·OH 和 h^+ 的清除剂。在可见光激发 180min 后，AO 的光降解效率为 62%，IPA 为 54%，BQ 为 32%。可以发现，·O_2^- 是催化反应的关键活性物种，·OH 和 h^+ 也在一定程度上发挥了作用。

根据以上测试数据和结果分析，$ZnFe_2O_4$-Ag 空心纳米光催化剂可能的光催化机理如图6-6(b) 所示，这可以归因于肖特基势垒。当 Ag 负载到 $ZnFe_2O_4$ 上时，$ZnFe_2O_4$ 与 Ag 界面处的电子迁移模式会发生改变。Ag 的功函数大于 $ZnFe_2O_4$，因此电子从 Ag 内部移动到 Ag 表面所需的最小能量大于 $ZnFe_2O_4$。当 $ZnFe_2O_4$ 和 Ag 接触时，电子从 $ZnFe_2O_4$ 迁移到 Ag，直到它们的费米能级相等。由于电子迁移，Ag 获得过多的电子，$ZnFe_2O_4$ 获得过多的空穴，在界面处形成肖特基势垒。因此，O_2 在 Ag 纳米粒子表面接收到一个电子并被还原为 O_2^-。空穴将 H_2O 氧化

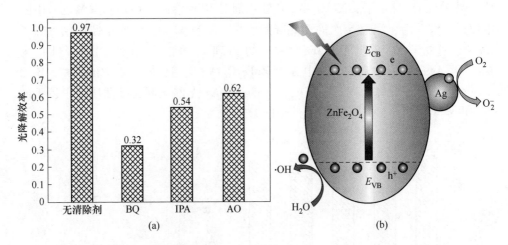

图 6-6　ZnFe₂O₄-Ag 光催化剂的活性物种实验（a）和光降解污染物机理图（b）

为·OH。此外，Ag 纳米粒子在可见光激发下可以产生表面等离子共振效应（SPR），这也可以增强 ZnFe₂O₄-Ag 的光降解效率[1,15]。

　　本章通过模板辅助的工艺，采用煅烧和光还原方法成功制备了负载不同含量 Ag 的 ZnFe₂O₄-Ag 空心纳米光催化剂。样品具有空心纳米核壳结构，粒径大小约为 280nm，壳厚约为 24nm，可增加对太阳光的吸收和与污染物的接触频率。在可见光照射下，光电流密度和光降解 RhB 光催化活性结果为 Ag-ZnFe₂O₄ > 纳米 ZnFe₂O₄-Ag > 块状 ZnFe₂O₄-Ag。随着负载 Ag 量的增加，AZ-1、AZ-2、AZ-3 和 AZ-4 的光电流强度和光催化活性先增大后减小。当 AgNO₃ 物质的量为 0.2mmol 时，ZnFe₂O₄-Ag 的光降解效率最强。在磁性环境中，ZnFe₂O₄-Ag 可方便地从水中分离。经过多次光降解实验，ZnFe₂O₄-Ag 的光降解效率仅下降 2.8%，进一步证明了 ZnFe₂O₄-Ag 在废水处理中具有良好的广泛应用价值。

参 考 文 献

［1］ CAN D E, UGUR K, TUNCAY D, et al. Effect of Ag content on photocatalytic activity of Ag@ TiO₂/rGO hybrid photocatalysts ［J］. Journal of Electronic Materials, 2020, 49（6）: 3849-3859.

［2］ YUAN X, JIANG L, CHEN X, et al. Highly efficient visible-light-induced photoactivity of Z-scheme Ag₂CO₃/Ag/WO₃ photocatalysts for organic pollutant degradation ［J］. Environmental Science: Nano, 2017, 4（11）: 2175-2185.

［3］ YU J, YUE L, LIU S, et al. Hydrothermal preparation and photocatalytic activity of mesoporous Au-TiO₂ nanocomposite microspheres ［J］. Journal of Colloid and Interface Science, 2009, 334（1）: 58-64.

［4］ LIANG Y T, JIANG Z, SHANGGUAN W F. Photocatalytic oxidation behaviors of Di-2-ethylhexyl phthalate over Pt/TiO$_2$ [J]. Catalysis Today, 2021, 376: 104-112.

[5] WU J N, MA X J, XU L M, et al. Fluorination promoted photoinduced modulation of Pt clusters on oxygen vacancy enriched TiO$_2$/Pt photocatalyst for superior photocatalytic performance [J]. Applied Surface Science, 2019, 489: 510-518.

[6] HE P K, ZHANG M, YANG D M, et al. Preparation of Au-loaded TiO$_2$ by photochemical deposition and ozone photocatalytic decomposition [J]. Surface Review and Letters, 2006, 13: 51-55.

[7] ZHANG F, SHEN L, LI J, et al. Room temperature photocatalytic deposition of Au nanoparticles on SnS$_2$ nanoplates for enhanced photocatalysis [J]. Powder Technology, 2021, 383: 371-380.

[8] MATSUBARA K, INOUE M, HAGIWARA H, et al. Photocatalytic water splitting over Pt-loaded TiO$_2$ (Pt/TiO$_2$) catalysts prepared by the polygonal barrel-sputtering method [J]. Applied Catalysis B: Environmental, 2019, 254: 7-14.

[9] NIE M, LIAO J, CAI H, et al. Photocatalytic property of silver enhanced Ag/ZnO composite catalyst [J]. Chemical Physics Letters, 2021, 768: 138394.

[10] CHEN W J, HSU K C, FANG T H, et al. Structural, optical characterization and photocatalytic behavior of Ag/TiO$_2$ nanofibers [J]. Digest Journal of Nanomaterials and Biostructures, 2021, 16 (4): 1227-1234.

[11] CHEN Z, BING F, LIU Q, et al. Novel Z-scheme visible-light-driven Ag$_3$PO$_4$/Ag/SiC photocatalysts with enhanced photocatalytic activity [J]. Journal of Materials Chemistry A, 2015, 3 (8): 4652-4658.

[12] DESARIO P A, PIETRON J J, DEVANTIER D E, et al. Plasmonic enhancement of visible-light water splitting with Au-TiO$_2$ composite aerogels [J]. Nanoscale, 2013, 5 (17): 8073-8083.

[13] ZHANG X, CHEN Y L, LIU R S, et al. Plasmonic photocatalysis [J]. Reports on Progress in Physics, 2013, 76 (4): 046401.

[14] GONDAL M A, CHANG X, WEI E I, et al. Enhanced photoactivity on Ag/Ag$_3$PO$_4$ composites by plasmonic effect [J]. Journal of Colloid and Interface Science, 2013, 392: 325-330.

[15] WANG B L, YU F C, LI H S, et al. The preparation and photocatalytic properties of Na doped ZnO porous film composited with Ag nano-sheets [J]. Physica E: Low-dimensional Systems and Nanostructures, 2020, 117: 113712.

7 ZnFe₂O₄-Fe₂O₃-Ag 光催化剂的制备及其性能研究

7.1 引　言

ZnFe$_2$O$_4$ 是一种窄禁带半导体，在太阳光下电子就可以被激发[1-3]，兼具光催化性能和磁性，且成本价格低、化学性能稳定，在磁性环境下就可以与污水进行分离，可进行循环污水处理，因此具有很大的研究潜力[4-6]。但纯 ZnFe$_2$O$_4$ 的光生载流子复合率很高，大大降低了光催化效率[7]。与半导体复合形成异质结是提高催化效率的有效方式之一[8-12]，异质结形成能够缩短电子传输距离，有效提高光催化性能。Fe$_2$O$_3$ 性质稳定、价格便宜，无毒且对环境友好，禁带宽度较窄，约 2.2eV，具有很强的可见光吸收能力。Hussain 等人[13]利用超声波喷雾热解的工艺合成了 Fe$_2$O$_3$/ZnFe$_2$O$_4$ 薄膜，其电解水的效率优于 Fe$_2$O$_3$ 和 ZnFe$_2$O$_4$。Zhang 等人[14]通过煅烧方法制备的 Fe$_2$O$_3$/ZnFe$_2$O$_4$ 纳米管展现了非常高效的光催化性能。但是，这种传统的异质结结构氧化还原能力较小，不利于产生羟基自由基和超氧自由基，进而影响光催化活性[15]。

近年来，SPR 效应作为一种理想的策略用来增强光催化效率得到了广泛的研究。在半导体与金属粒子的界面处形成肖特基结，可抑制光生载流子复合。在以往的研究中，有学者制备了 Ag$_2$CO$_3$/Ag/WO$_3$[16]和 Ag$_2$CO$_3$/Ag/AgNCO[17]光催化剂，Ag 纳米粒子负载到 Ag$_2$CO$_3$/WO$_3$ 和 Ag$_2$CO$_3$/AgNCO 上具有较高的光催化效率。光催化结果表明，三元光催化剂的光降解能力强于其二元杂化体和纯半导体，这可以归因于 SPR 效应的协同作用及匹配的半导体异质结[18-20]。

本章制备了一种负载纳米贵金属 Ag 粒子且具有空心纳米球壳结构的 ZnFe$_2$O$_4$-Fe$_2$O$_3$-Ag 磁性可回收空心纳米光催化剂。ZnFe$_2$O$_4$ 具有光催化性能和磁性，提高了光催化剂的可回收性能。Fe$_2$O$_3$ 性质稳定、价格便宜，能与 ZnFe$_2$O$_4$ 形成匹配的异质结，进一步提高复合光催化剂的光降解性能。纳米贵金属颗粒可形成 SPR 效应，Ag 与半导体的耦合可在界面处形成肖特基结，抑制光生载流子复合。空心纳米球壳结构可以增大光催化剂的比表面积，增加光线的利用率和与污染物的接触频率。

7.2 实 验 部 分

7.2.1 试剂和仪器

实验所用药品同 6.2.1 节。

实验所用仪器同 3.2.1 节。

7.2.2 酚醛树脂微球的制备

酚醛树脂微球的制备方法和过程同 2.2.2 节。

7.2.3 $ZnFe_2O_4$-Fe_2O_3 空心纳米球的制备

$ZnFe_2O_4$-Fe_2O_3 通过浸渍和煅烧的工艺进行制备。把含有 2mol/L $Fe(NO_3)_3$ 和 0.5mol/L $Zn(NO_3)_2$ 的混合溶液 20mL 置入 100mL 的烧杯中,强烈搅拌使其溶解形成透明溶液。将已制备好的 0.5g PFS 加入上述混合溶液中,伴随超声波处理使其分散均匀。15min 超声处理后,把含有 PFS 的混合溶液在室温下静置 3h,随后过滤、洗涤、80℃干燥 48h。把表面吸附有金属离子的 PFS 以 0.5℃/min 的升温速度加热至 650℃,保温 3h,随后自然冷却至常温。$ZnFe_2O_4$ 的制备方法和 $ZnFe_2O_4$-Fe_2O_3 相同,只改变 $Zn(NO_3)_2$ 的浓度为 1mol/L。

7.2.4 $ZnFe_2O_4$-Fe_2O_3-Ag 空心纳米球的制备

$ZnFe_2O_4$-Fe_2O_3-Ag 通过光还原的方法进行制备。在黑暗条件下,将 0.2mmol $AgNO_3$ 分散到 50mL 去离子水中,并强烈搅拌使其溶解形成透明溶液。把已经制备好的 0.5g $ZnFe_2O_4$-Fe_2O_3 加入上述混合溶液中,伴随超声波处理使其分散均匀。在 500W 氙灯照射下,混合溶液搅拌 0.5h,随后进行过滤、洗涤、80℃干燥 48h 处理,最后得到 $ZnFe_2O_4$-Fe_2O_3-Ag 粉体。

7.2.5 样品的分析与表征

样品的分析与表征方法同 3.2.4 节。

7.2.6 样品的光催化活性和光电性能的测试

样品的光催化活性和光电性能的测试方法同 3.2.5 节。

自由基捕捉实验测试方法同 6.2.6 节。

7.3   实验结果分析

7.3.1   样品的 XRD 分析

图 7-1 是 $ZnFe_2O_4$ 基光催化剂的 XRD 图谱，可以很清晰地发现，曲线 S1、S2 和 S3 在 18.14°、29.9°、35.24°、36.92°、42.92°、53.2°、56.64° 和 62.28° 处存在衍射峰，与 $ZnFe_2O_4$（JCPDS 卡：77-0011）的衍射峰位置一致，即 S1、S2 和 S3 都包含 $ZnFe_2O_4$ 晶相。曲线 S2 和 S3 在 24.20°、33.18°、35.32°、42.92°、49.48°、53.16°、62.24° 和 64.02° 处存在衍射峰，与 $\alpha\text{-}Fe_2O_3$ 标准卡片（JCPDS 卡：33-0664）很好地吻合，即 S2 和 S3 包含 $\alpha\text{-}Fe_2O_3$ 晶相。曲线 S3 在 38.18°、44.36° 和 64.78° 处存在衍射峰，与 Ag 标准卡片（JCPDS 卡：04-0783）相吻合，即 S3 包含 Ag 晶相。此外，在图 7-1 中没有发现其他杂峰的出现，且衍射峰尖锐、强度高，说明所制备的样品纯度高、结晶度好，因此 S3 的物质为 $ZnFe_2O_4\text{-}Fe_2O_3\text{-}Ag$。

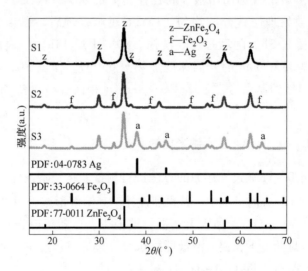

图 7-1 $ZnFe_2O_4$ 基光催化剂的 XRD 图谱

S1—$ZnFe_2O_4$；S2—$ZnFe_2O_4\text{-}Fe_2O_3$；S3—$ZnFe_2O_4\text{-}Fe_2O_3\text{-}Ag$

7.3.2   样品的形貌分析

图 7-2 是 PFS 和 $ZnFe_2O_4\text{-}Fe_2O_3\text{-}Ag$ 光催化剂的 SEM 和 TEM 图。从图 7-2(a) 可以清晰看出 PFS 的粒径大小约为 510nm，表面光滑，且粒径分布均匀，单分散性良好。可以很容易想到，PFS 粒径分布窄且大小均匀，有利于下一步 $ZnFe_2O_4$-

Fe$_2$O$_3$ 空心纳米核壳结构的构建。图 7-2(b) 是 ZnFe$_2$O$_4$-Fe$_2$O$_3$-Ag 光催化剂样品的 SEM 形貌图片，由图可以很清楚地看出样品光催化剂呈球体，单分散性良好，且光催化剂整体的粒径分布范围窄，较为均匀，粒径大小分布在 240nm 左右，相比于 PFS，ZnFe$_2$O$_4$-Fe$_2$O$_3$-Ag 的粒径大小缩小了 53%，ZnFe$_2$O$_4$-Fe$_2$O$_3$-Ag 空心纳米光催化剂体积的减少主要原因为酚醛树脂微球的碳化缩小及最终的消失。同时可以发现样品的表面比较粗糙，布满了皱纹，这些皱纹可以增加样品对太阳光的吸收。图 7-2(c) 是样品的 TEM 图，由此图可以清晰地看出样品的边缘颜色深，内部颜色浅，充分说明了所制备的样品具有空心结构，且壳层的厚度约为 15nm。由图 7-2 可知，样品具有空心纳米结构，壳层的厚度很薄，表面布满了裂纹，说明了样品比表面积大，有利于太阳光的吸收，将会大大增加样品光催化降解污染物的性能。

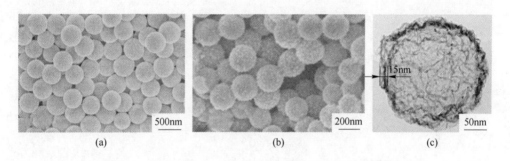

图 7-2　PFS 和 ZnFe$_2$O$_4$-Fe$_2$O$_3$-Ag 光催化剂的 SEM 和 TEM 图
(a) PFS 的 SEM 图；(b) ZnFe$_2$O$_4$-Fe$_2$O$_3$-Ag 的 SEM 图；(c) ZnFe$_2$O$_4$-Fe$_2$O$_3$-Ag 光催化剂的 TEM 图

7.3.3　样品的 UV-Vis 分析

图 7-3 是所制备出的 ZnFe$_2$O$_4$、ZnFe$_2$O$_4$-Fe$_2$O$_3$ 和 ZnFe$_2$O$_4$-Fe$_2$O$_3$-Ag 空心纳米光催化剂的紫外-可见漫反射光谱图，从图中可以看出，3 个样品在紫外和可见光区都有强的吸收。且 ZnFe$_2$O$_4$-Fe$_2$O$_3$-Ag 对可见光的吸收强度明显高于 ZnFe$_2$O$_4$ 和 ZnFe$_2$O$_4$-Fe$_2$O$_3$，说明 ZnFe$_2$O$_4$、Fe$_2$O$_3$ 和 Ag 的复合有利于提高对可见光的利用率，这将更加有利于光催化效率的提高。

7.3.4　PL 分析

光催化剂的光降解效率与光生载流子的寿命密切相关，光生载流子的寿命可以通过 PL 光谱表征。电子-空穴对复合越高，PL 光谱强度越大，光催化活性将越低。如图 7-4 所示，在 260nm 处激发样品测定光谱强度。可以看出，S1、S2、S3 样品在 475nm 波长附近发射出较强的光信号，形成电子-空穴复合峰，这主要归因于 ZnFe$_2$O$_4$ 的光生电子与空穴复合。S3 的光致发光光谱强度明

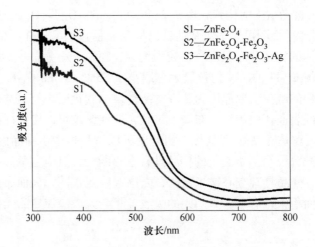

图 7-3　所制备样品的紫外 – 可见光谱图

显低于 S1 和 S2，说明 Ag、Fe$_2$O$_3$ 和 ZnFe$_2$O$_4$ 的复合在一定程度上有效地抑制了光生电子-空穴对的复合，从而提高了光生载流子的量子效率，进一步提高了催化活性。

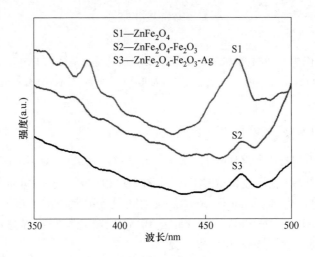

图 7-4　ZnFe$_2$O$_4$ 基光催化剂的 PL 曲线

7.3.5　光电性能分析

为了研究光催化剂在可见光下的光电流响应，图 7-5 展示了在 300W 氙灯光源照射下，ZnFe$_2$O$_4$ 基光催化剂的光电流响应曲线。由图中曲线可以发现，ZnFe$_2$O$_4$、ZnFe$_2$O$_4$-Fe$_2$O$_3$ 和 ZnFe$_2$O$_4$-Fe$_2$O$_3$-Ag 光电流密度分别为 1.1μA/cm^2、

$2.1\mu A/cm^2$ 和 $10.5\mu A/cm^2$。在光源激发下，光电流密度越高，象征着电子－空穴对有效分离密度越高，$ZnFe_2O_4$-Fe_2O_3-Ag 光电流密度分别是 $ZnFe_2O_4$ 和 $ZnFe_2O_4$-Fe_2O_3 的约 5 倍和 10 倍，也进一步证实当 Ag、Fe_2O_3 和 $ZnFe_2O_4$ 三元复合时，$ZnFe_2O_4$-Fe_2O_3-Ag 光电流密度将会大幅度提升，促进了电子－空穴对的分离，增加了光生载流子的数量。

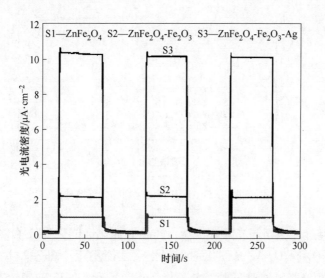

图 7-5 $ZnFe_2O_4$ 基光催化剂的光电流响应曲线

7.3.6 光催化性能测试

图 7-6 是 $ZnFe_2O_4$ 基光催化剂在可见光照射下降解 RhB 溶液实验数据。经 30min 黑暗条件处理后，$ZnFe_2O_4$、$ZnFe_2O_4$-Fe_2O_3 和 $ZnFe_2O_4$-Fe_2O_3-Ag 都达到了吸附—脱附平衡，3 个样品对 RhB 溶液的吸附率都约为 18%，说明通过此工艺所制备的样品具有大的比表面积，有利于光催化反应的进行。

随后对没有放光催化剂的空白试管、$ZnFe_2O_4$、$ZnFe_2O_4$-Fe_2O_3 和 $ZnFe_2O_4$-Fe_2O_3-Ag 样品分别经 500W 氙灯 150min 照射处理后，S0 的空白实验对 RhB 溶液的降解率几乎为零，而 $ZnFe_2O_4$、$ZnFe_2O_4$-Fe_2O_3 和 $ZnFe_2O_4$-Fe_2O_3-Ag 样品对 RhB 溶液的降解率分别可达到 22%、40% 和 98%，从光降解数据看出，Ag、Fe_2O_3 和 $ZnFe_2O_4$ 形成的复合异质结可以大幅度提升光催化效率。

7.3.7 稳定性及回收性测试

光催化剂需经过多次循环降解污染物且保持稳定的催化性能才具有实用性。图 7-7(a) 是 $ZnFe_2O_4$-Fe_2O_3-Ag 光催化剂循环降解 RhB 溶液的试验，由图中数据

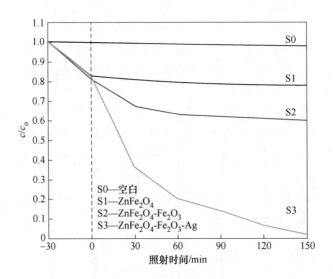

图 7-6　ZnFe$_2$O$_4$ 基光催化剂的光降解曲线

可以看出，经过 6 次循环光降解实验，样品的催化性能仅降低了 2.3%，进一步证明了 ZnFe$_2$O$_4$-Fe$_2$O$_3$-Ag 光催化剂物理化学性能稳定。图 7-7（b）是 ZnFe$_2$O$_4$-Fe$_2$O$_3$-Ag 磁性分离可回收试验，A 是将 ZnFe$_2$O$_4$-Fe$_2$O$_3$-Ag 均匀分散到水中的照片，B 是 A 在磁力作用下进行聚集的照片，证明了 ZnFe$_2$O$_4$-Fe$_2$O$_3$-Ag 光催化剂在磁性环境下易于回收，图 7-6 和图 7-7 进一步证明了 ZnFe$_2$O$_4$-Fe$_2$O$_3$-Ag 光催化剂的可应用于实际污水处理的实用性。

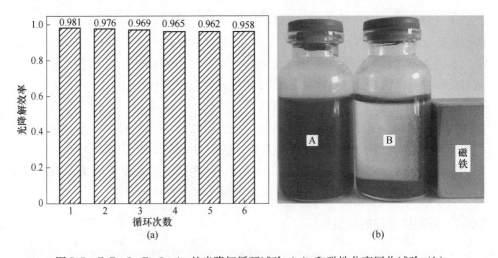

图 7-7　ZnFe$_2$O$_4$-Fe$_2$O$_3$-Ag 的光降解循环试验（a）和磁性分离回收试验（b）

（A、B 分别为光催化剂与水分离前后的对比实验）

7.3.8 自由基捕捉实验

如图 7-8 所示，使用 $ZnFe_2O_4$-Fe_2O_3-Ag 样品进行自由基捕捉实验，以对苯醌（BQ）、异丙醇（IPA）和草酸铵（AO）分别作为 $\cdot O^{2-}$、$\cdot OH$ 和 h^+ 的捕捉剂对 RhB 进行分解。由实验可以看出，BQ、IPA 和 AO 的光降解效率分别为 37%、55% 和 84%。随着 BQ、IPA 和 AO 的加入，RhB 的分解结果明显下降，表明 $\cdot O^{2-}$、$\cdot OH$ 和 h^+ 是光催化降解的主要自由基。可见，在 $ZnFe_2O_4$-Fe_2O_3-Ag 的存在下，分解 RhB 的作用以 $\cdot O^{2-}$ 为主，空穴的作用次之。

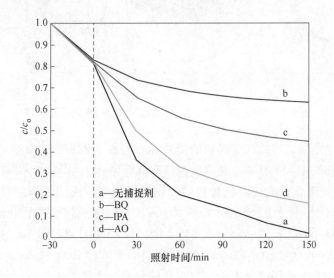

图 7-8 $ZnFe_2O_4$-Fe_2O_3-Ag 自由基捕捉实验

7.3.9 光催化机理分析

根据之前的光电流响应分析（见图 7-5）、光降解测试结果（见图 7-6）和自由基捕捉实验（见图 7-8）可知，$ZnFe_2O_4$-Fe_2O_3-Ag 具有较高的光催化性能，主要有两个原因：第一是样品的空心纳米核壳结构。制备的颗粒直径为 240nm，壳层厚度约为 15nm，表面粗糙，表明样品的大比表面积有利于吸收阳光，提高与污染物的接触频率，将大大提高光催化剂分解污染物的性能。第二是匹配异质结结构[21-23]。$ZnFe_2O_4$ 具有较宽的吸收边，$ZnFe_2O_4$ 的导带（CB）和价带（VB）分别为 $-0.6V$ 和 $1.4V$。Fe_2O_3 的导带（CB）和价带（VB）分别为 $0.3V$ 和 $2.39V$[14,24-25]。因此，三元 $ZnFe_2O_4$-Fe_2O_3-Ag 上的光生载流子转移机理可为双电荷转移机理（见图 7-9）。利用太阳能作为动力，$ZnFe_2O_4$ 和 Fe_2O_3 很容易被激发产生电子-空穴对，然后光激发电子可以从 $ZnFe_2O_4$ 的 CB 转移到 Fe_2O_3 的 CB，然后转移到 Ag，而光激发空穴则从 Fe_2O_3 的 VB 转移到 $ZnFe_2O_4$[18] 的 VB。Ag 纳米粒子捕获电子，抑制光生载流子复合[20]，从而防止了电子－空穴对的复合，延长了光生载流子的寿命。

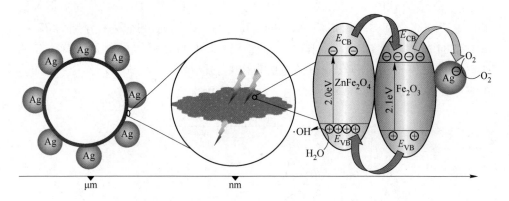

图 7-9　$ZnFe_2O_4$-Fe_2O_3-Ag 光催化剂的光降解污染物机理

　　本章通过浸渍、煅烧和光还原的工艺成功制备了 $ZnFe_2O_4$-Fe_2O_3-Ag 空心纳米光催化剂。$ZnFe_2O_4$-Fe_2O_3-Ag 光催化剂具有球壳结构，粒径大小 240nm，壳层的厚度 15nm，光催化剂的表面比较粗糙，布满了皱纹，说明了样品具有大的比表面积，有利于太阳光的吸收。$ZnFe_2O_4$-Fe_2O_3-Ag 光催化剂光电流密度约是 $ZnFe_2O_4$-Fe_2O_3 的 6 倍，是 $ZnFe_2O_4$ 的 12 倍，且 $ZnFe_2O_4$-Fe_2O_3-Ag 对 RhB 溶液的降解率高于 $ZnFe_2O_4$-Fe_2O_3 和 $ZnFe_2O_4$，这归因于 Ag、ZnO 和 $ZnFe_2O_4$ 匹配的三元复合结构，大大地促进了电子－空穴对的分离，增加了光生载流子的数量，提升了样品的光催化降解污染物的性能。

　　经 6 次循环光降解实验，$ZnFe_2O_4$-Fe_2O_3-Ag 光催化剂的催化性能仅降低了 2.3%，证明了光催化剂物理化学性能稳定。且在磁力作用下 $ZnFe_2O_4$-Fe_2O_3-Ag 光催化剂在溶液中可以很快聚集，证明了 $ZnFe_2O_4$-Fe_2O_3-Ag 光催化剂在磁性环境下易于回收，进一步验证了 $ZnFe_2O_4$-Fe_2O_3-Ag 光催化剂的实用性。

参 考 文 献

[1] NAVIDPOUR A, FAKHRZAD M. Photocatalytic and magnetic properties of $ZnFe_2O_4$ nanoparticles synthesised by mechanical alloying [J]. International Journal of Environmental Analytical Chemistry, 2022, 102 (3): 690-706.

[2] LUO J, WU Y, CHEN X, et al. Synergistic adsorption-photocatalytic activity using Z-scheme based magnetic $ZnFe_2O_4$/$CuWO_4$ heterojunction for tetracycline removal [J]. Journal of Alloys and Compounds, 2022, 910: 164954.

[3] NGUYEN L, VO D, NGUYEN L, et al. Synthesis, characterization, and application of $ZnFe_2O_4$

@ ZnO nanoparticles for photocatalytic degradation of Rhodamine B under visible-light illumination [J]. Evironmental Technology & Innovation, 2022, 25: 102130.

[4] ZHAO W, HUANG Y, SU C, et al. Fabrication of magnetic and recyclable $In_2S_3/ZnFe_2O_4$ nanocomposites for visible light photocatalytic activity enhancement [J]. Materals Research Express, 2020, 7 (1): 015080.

[5] ZHANG C, HAN X, WANG F, et al. A facile fabrication of $ZnFe_2O_4$/sepiolite composite with excellent photocatalytic performance on the removal of tetracycline hydrochloride [J]. Oiginal Research, 2021, 9: 736369.

[6] AZAM Z, SEYED S M, ALIREZA M, et al. Synthesis, characterization and investigation of photocatalytic activity of $ZnFe_2O_4$ @ MnO-GO and $ZnFe_2O_4$ @ MnO-rGO nanocomposites for degradation of dye Congo red from wastewater under visible light irradiation [J]. Rsearch on Chemical Intermediates, 2020, 46 (8): 33-61.

[7] BOHRA M, ALMAN V, ARRAS R, et al. Nanostructured $ZnFe_2O_4$: An exotic energy material [J]. Nanomaterials, 2021, 11 (5): 1286.

[8] WANG D, CHEN J, CHE H, et al. Flexible g-C_3N_4-based photocatalytic membrane for efficient inactivation of harmful algae under visible light irradiation [J]. Applied Surface Science, 2022, 60 (1): 154270.

[9] FAISAL M M, EJAZ A, MUKHTAR A, et al. Enhanced photocatalytic activity of hydrogen evolution through Cu incorporated ZnO nano composites [J]. Materials Science in Semiconductor Processing, 2020, 120: 105278.

[10] CHENG X, LI L, JIA L, et al. Preparation of K^+ doped ZnO nanorods with enhanced photocatalytic performance under visible light [J]. Journal of Physics D: Applied Physics, 2020, 53: 035301.

[11] LI Z, ZHOU L, LU L, et al. Enhanced photocatalytic properties of ZnO/Al_2O_3 nanorod heterostructure [J]. Materials Research Express, 2021, 8 (4): 045505.

[12] YU B, YU H, SONG B, et al. Preparation and study of $ZnAl_2O_4/CeO_2$ water remediation photocatalyst and its photocatalytic activity [J]. Russian of Physical Chemistry A, 2021, 95 (12): 2523-2529.

[13] HUSSAIN S, HUSSAIN S, WALEED A, et al. Spray pyrolysis deposition of $ZnFe_2O_4/Fe_2O_3$ composite thin films on hierarchical 3-D nanospikes for efficient photoelectrochemical oxidation of water [J]. Journal of Physical Chemistry C, 2017, 121 (34): 18360-18368.

[14] ZHANG X, LIN B, LI X, et al. MOF-derived magnetically recoverable Z-scheme $ZnFe_2O_4/Fe_2O_3$ perforated nanotube for efficient photocatalytic ciprofloxacin removal [J]. Chemical Engineering Journal, 2022, 430: 132728.

[15] 李宏鑫, 王铮, 张亚. Ag/α-Fe_2O_3/g-C_3N_4 光催化降解罗丹明 B [J]. 安徽大学学报 (自然科学版), 2020, 44 (1): 98-108.

[16] YUAN X, JIANG L, CHEN X, et al. Highly efficient visible-light-induced photoactivity of Z-scheme Ag_2CO_3/Ag/WO_3 photocatalysts for organic pollutant degradation [J]. Environmental Science: Nano, 2017, 4 (11): 2175-2185.

[17] WU X, HU Y, WANG Y, et al. In-situ synthesis of Z-scheme Ag₂CO₃/Ag/AgNCO heterojunction photocatalyst with enhanced stability and photocatalytic activity [J]. Applied Surface Science, 2019, 464: 108-114.

[18] SOBAHI T, AMIN M. Synthesis of ZnO/ZnFe₂O₄/Pt nanoparticles heterojunction photocatalysts with superior photocatalytic activity [J]. Cramics International, 2020, 46 (3): 3558-3564.

[19] CHOUDHARY S, BISHT A, MOHAPATRA S, et al. Microwave-assisted synthesis of alpha-Fe₂O₃/ZnFe₂O₄/ZnO ternary hybrid nanostructures for photocatalytic applications [J]. Ceramics International, 2021, 47 (3): 3833-3841.

[20] WEI P, YIN S, ZHOU T, et al. Rational design of Z-scheme ZnFe₂O₄/Ag@ Ag₂CO₃ hybrid with enhanced photocatalytic activity, stability and recovery performance for tetracycline degradation [J]. Separation and Purification Technology, 2021, 266: 118544.

[21] ZHANG Z, LI L, JIANG Y, et al. Step-scheme photocatalyst of CsPbBr₃ quantum Dots/BiOBr nanosheets for efficient CO₂ photoreduction [J]. Inorganic Chemistry, 2022, 61 (7): 3351-3360.

[22] LI D, ZHOU J, ZHANG Z, et al. Enhanced photocatalytic activity for CO₂ reduction over a CsPbBr₃/CoAl-LDH composite: Insight into the S-Scheme charge transfer mechanism [J]. ACS Applied Energy Materials, 2022, 5 (5): 6238-6247.

[23] ZHANG Z, JIANG Y, DONG Z, et al. 2D/2D inorganic/organic hybrid of lead-free Cs₂AgBiBr₆ double perovskite/covalent triazine frameworks with boosted charge separation and efficient CO₂ photoreduction [J]. Inorganic Chemistry, 2022, 61 (40): 16028-16037.

[24] WANG X, FENG J, ZHANG Z Q, et al. Pt enhanced the photo-Fenton activity of ZnFe₂O₄/alpha-Fe₂O₃ heterostructure synthesized via one-step hydrothermal method [J]. Journal of Colloid and Interface Science, 2020, 561: 793-800.

[25] YANG N N, HU P F, CHEN C C, et al. Ternary composite of g-C₃N₄/ZnFe₂O₄/Fe₂O₃: hydrothermal synthesis and enhanced photocatalytic performance [J]. Chemistry Select, 2019, 4 (24): 7308-7316.

8 ZnFe$_2$O$_4$-ZnO-Ag 基光催化剂的制备及其性能研究

8.1 引　　言

笔者之前已做过大量的研究，证明能级匹配的三元半导体复合体系光降解效率高于其二元杂化体系和纯半导体，例如 Li[1] 和他的团队制备的 ZnFe$_2$O$_4$-Fe$_2$O$_3$-Bi$_2$WO$_6$ 三元复合光催化剂，光照 120min，ZnFe$_2$O$_4$-Fe$_2$O$_3$-Bi$_2$WO$_6$ 空心纳米光催化剂对 RhB 溶液的降解度达到 94.3%，而 ZnFe$_2$O$_4$-Fe$_2$O$_3$、ZnFe$_2$O$_4$-Bi$_2$WO$_6$ 和 Bi$_2$WO$_6$ 降解度只有 35.1%、80.8% 和 62.4%。Li 等人[2] 采用浸渍、煅烧和共沉淀工艺制备的 ZnFe$_2$O$_4$-ZnO-Ag$_3$PO$_4$ 三元复合光催化剂，ZnFe$_2$O$_4$-ZnO-Ag$_3$PO$_4$ 光降解 RhB 溶液的效率高于 ZnFe$_2$O$_4$-Ag$_3$PO$_4$ 和 ZnFe$_2$O$_4$-ZnO。还有 Ag$_2$CO$_3$/Ag/WO$_3$[3]、Ag$_2$CO$_3$/Ag/AgNCO[4]、ZnO/ZnFe$_2$O$_4$/Pt[5]、α-Fe$_2$O$_3$/ZnFe$_2$O$_4$/ZnO[6] 和 ZnFe$_2$O$_4$/Ag@Ag$_2$CO$_3$[7] 等大量三元复合体得到进一步验证。

ZnO 是常见光催化剂之一，具有成本低廉、制备工艺简单、无毒、物理化学性能稳定等优点，受到了广大学者的青睐[8-9]。纳米 Ag 粒子具有 SPR 效应，在与半导体接触的界面处可以形成肖特基结，大大抑制光生载流子复合[3,10-11]。

在本章的研究中，制备一种负载纳米贵金属 Ag 粒子且具有空心纳米球壳结构的 ZnFe$_2$O$_4$-ZnO-Ag 空心纳米光催化剂。且该光催化剂具有磁学性质，在磁场作用下就可以回收，大大降低了污水处理的成本。该研究也为空心纳米三元复合光催化剂的制备提供了一个可行思路。

8.2 实　验　部　分

8.2.1 试剂和仪器

实验所用药品同 6.2.1 节。
实验所用仪器同 3.2.1 节。

8.2.2 酚醛树脂微球的制备

酚醛树脂微球的制备方法和过程同 2.2.2 节。

8.2.3　ZnFe₂O₄-ZnO 空心纳米光催化剂的制备

ZnFe₂O₄-ZnO 空心纳米光催化剂的制备方法和过程同 3.2.3 节。

8.2.4　ZnFe₂O₄-ZnO-Ag 空心纳米光催化剂的制备

采用光还原的方法制备 ZnFe₂O₄-ZnO-Ag。在黑暗条件下，将一定量的 AgNO₃ 分散到 50mL 去离子水中，并强烈搅拌形成透明溶液。把已经制备好的 0.5g ZnFe₂O₄-ZnO 加入上述混合溶液中，伴随超声波处理使其分散均匀。在 500W 氙灯照射下，混合溶液搅拌 0.5h，随后经过滤、洗涤、80℃干燥 48h 处理，最后得到 ZnFe₂O₄-ZnO-Ag 粉体。

作为对比，AgNO₃ 的加入量分别为 0.05mmol、0.1mmol、0.15mmol 和 0.2mmol，所对应的 ZnFe₂O₄-ZnO-Ag 样品分别记为 AZZ-1、AZZ-2、AZZ-3 和 AZZ-4。

8.2.5　样品的分析与表征

样品的分析与表征方法同 3.2.4 节。

8.2.6　样品的光催化活性和光电性能的测试

样品的光催化活性和光电性能的测试方法同 3.2.5 节。

8.3　实验结果分析

8.3.1　样品的 XRD 分析

由图 8-1 的 ZnFe₂O₄ 基样品的 XRD 图谱可以看出，曲线 a、b、c、d 和 e 在 18.20°、29.93°、35.30°、36.82°、42.90°、46.95°、53.17°、56.69° 和 62.25° 处的衍射峰与 ZnFe₂O₄（JCPDS 卡：77-0011）相对应，在 31.58°、34.30°、36.08°、47.58°、56.44°、62.40°、66.98°、68.08° 和 68.84° 处的衍射峰与 ZnO（JCPDS 卡：36-1451）相一致，证实曲线 a、b、c、d 和 e 所对应的物质中含有 ZnFe₂O₄ 和 ZnO 晶相。在 Ag 负载 ZnFe₂O₄-ZnO 的 XRD 中，很容易在曲线 d 和 e 的 38.18°、44.36° 和 64.72° 处找到 Ag（JCPDS 卡：04-0783）所对应的衍射峰，进一步说明 Ag 粒子成功负载在 ZnFe₂O₄-ZnO 的表面。而曲线 c 没有发现 Ag 的衍射峰，可能是由于 ZFA-1 负载的 Ag 量较少，Ag 的颗粒小，结晶度不高，低于仪器检测的检出限[12]。

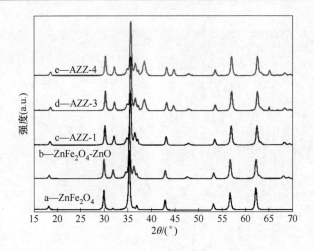

图 8-1　$ZnFe_2O_4$ 基光催化剂的 XRD 图谱

8.3.2　样品的形貌分析

　　众所周知，光催化剂形貌对其结构和光电性质有很大影响。图 8-2 为所制备样品的 SEM 和 TEM 图。图 8-2(a) 是酚醛树脂微球的 SEM 图，由图中可以看出酚醛树脂微球呈球体，单分散性良好，粒径大小均匀，约为 510nm。这为下一步以酚醛树脂微球为模板剂制备空心纳米 $ZnFe_2O_4$ 基光催化剂打下了很好的基础。图 8-2(b) 是 $ZnFe_2O_4$-ZnO-Ag 的 SEM 图，由图中可以看出，样品单分散性良好，粒径分布范围较窄，粒径大小约 220nm，部分球体破损，可以清楚看出所制备的样品具有空心结构。图 8-2(c) 是样品的 TEM 图，由图中可以看出，球体样品轮廓的颜色深，内部颜色浅，与图 8-2(b) 的 SEM 图进一步验证了所制备样品具有空心结构，球壳的厚度约为 23nm。且从 TEM 图可以看出球壳中有大量白色的小区域，说明壳体上存在许多孔，这个现象归因于球壳的厚度很薄，太阳光很容易从球壳的表面穿过。图 8-2(d) 是样品的 HRTEM 图，由图中可以看出球体上有区别十分明显的暗区、灰色区和亮区，黑色区域中晶格间距为 0.298nm 对应的是尖晶石型 $ZnFe_2O_4$ 的 (311) 晶面，灰色区域中晶格间距为 0.282nm 对应的是立方 ZnO 的 (100) 晶面，白色区域中晶格间距为 0.236nm 对应的是立方 Ag 的 (111) 晶面[13]，进一步验证了 Ag、ZnO 和 $ZnFe_2O_4$ 在界面处紧密的结合，形成了匹配的异质结，该结构加速了光生载流子的转移和分离效率。

　　我们可以从图 8-2 看出样品具有空心纳米结构、壳层的厚度很薄且存在大量的孔，说明样品具有大的比表面积，一方面增大了与污染物的接触频率，另一方面提升了样品对太阳光的吸收能力，且 Ag、ZnO 和 $ZnFe_2O_4$ 在界面处形成了匹配的异质结，以上结构都将提升样品的光催化降解污染物的性能。

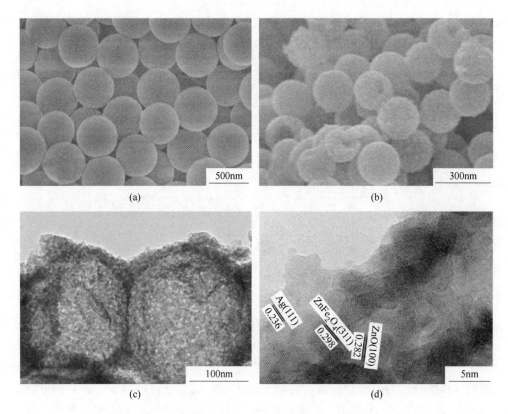

图 8-2   所制备样品的 SEM 和 TEM 图

（a）酚醛树脂微球的 SEM 图；（b）ZnFe$_2$O$_4$-ZnO-Ag 的 SEM 图；

（c）ZnFe$_2$O$_4$-ZnO-Ag 的 TEM 图；（d）ZnFe$_2$O$_4$-ZnO-Ag 的 HRTEM 图

8.3.3   样品的光电性能分析

光催化剂的光电转换效率对降解污染物起至关重要的作用，当光电转换效率越高时，产生的光电流强度越高，对降解污染物将越有利。图 8-3 是 ZnFe$_2$O$_4$ 基样品的光电流响应曲线。图中曲线显示，ZnFe$_2$O$_4$、ZnFe$_2$O$_4$-ZnO、AZZ-1、AZZ-2、AZZ-3 和 AZZ-4 所对应的光电流强度分别为 1.2μA/cm^2、5.5μA/cm^2、10.3μA/cm^2、16.4μA/cm^2、18.6μA/cm^2 和 20.4μA/cm^2。其中 ZnFe$_2$O$_4$-ZnO-Ag 光电流密度高于 ZnFe$_2$O$_4$ 和 ZnFe$_2$O$_4$-ZnO，进一步证实当 Ag、ZnO 和 ZnFe$_2$O$_4$ 三元复合时，有利于提升光催化剂的光电转换效率。在 ZnFe$_2$O$_4$-ZnO-Ag 复合体系中，随着 Ag 的负载量增加，AZZ-1、AZZ-2、AZZ-3 和 AZZ-4 所对应样品的光电流强度先上升后下降，当 AgNO$_3$ 物质的量为 0.15mmol 时，复合物的光电流强度最高，说明负载适量的 Ag 有利于提升光电转换效率。由于 Ag 负载在 ZnFe$_2$O$_4$-

ZnO 表面，有利于 ZnO 和 ZnFe$_2$O$_4$ 上的电子转移到 Ag 的表面，减少电子-空穴复合率，延长了光生载流子的寿命。然而当 Ag 的负载量过多时，一方面减少了 ZnFe$_2$O$_4$-ZnO 对可见光的吸收，另一方面增加了电子-空穴对的复合率，降低了有效的光生电子密度，导致光电流减小。

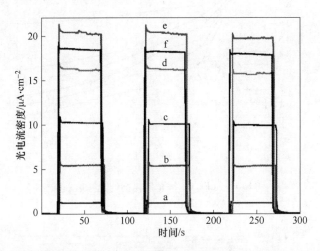

图 8-3 ZnFe$_2$O$_4$ 基光催化剂的光电流响应曲线

a—ZnFe$_2$O$_4$；b—ZnFe$_2$O$_4$-ZnO；c—AZZ-1；d—AZZ-2；e—AZZ-3；f—AZZ-4

8.3.4 光催化性能测试

为检验光催化效果，所制备样品光降解 RhB 的实验数据如图 8-4 所示。经 20min 暗处理，所有样品都达到吸附—脱附平衡，此时 6 个 ZnFe$_2$O$_4$ 基空心纳米光催化剂对 RhB 溶液的吸附率约为 18%，间接验证所制备样品具有大的比表面积。随后将所有样品置于 500W 氙灯照射 120min，空白实验对 RhB 溶液的降解率几乎为零，ZnFe$_2$O$_4$、ZnFe$_2$O$_4$-ZnO、AZZ-1、AZZ-2、AZZ-3 和 AZZ-4 的降解率分别为 41%、69%、76%、86%、97% 和 92%。由此可以发现，ZnFe$_2$O$_4$-ZnO-Ag 的光催化效率高于 ZnFe$_2$O$_4$ 和 ZnFe$_2$O$_4$-ZnO，这是由于 Ag、ZnO 和 ZnFe$_2$O$_4$ 在界面处形成了紧密的异质结，该结构加速了光生载流子的转移和分离[14-15]。随着 Ag 的负载量增加，光催化效率先明显的提升，随后再随着 Ag 的负载量增加光催化效率降低，当 AgNO$_3$ 的加入量为 0.15mmol 时，ZnFe$_2$O$_4$-ZnO-Ag 光降解效率最高，说明负载适量的 Ag 有利于提升光降解效率[16-18]。

8.3.5 样品光催化循环实验

图 8-5 是 AZZ-3 光降解循环试验，3 次实验 AZZ-3 的降解效率分别为 98.2%、97.1% 和 96.3%，性能仅降低了 1.9%，验证了实验方案所制备的光催化的性能稳定。

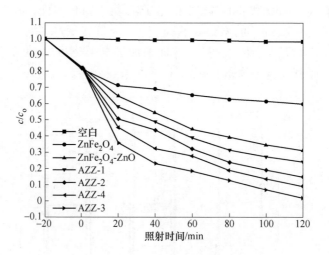

图 8-4　ZnFe$_2$O$_4$ 基光催化剂的光降解曲线

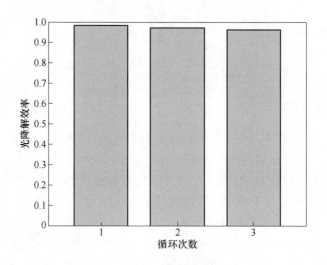

图 8-5　AZZ-3 光降解循环试验

8.3.6　光催化机理

　　样品光催化降解 RhB 和光电流强度测试实验的结果为 ZnFe$_2$O$_4$-ZnO-Ag > ZnFe$_2$O$_4$-ZnO > ZnFe$_2$O$_4$。说明 Ag、ZnO 和 ZnFe$_2$O$_4$ 三元复合，有利于提高 ZnFe$_2$O$_4$-ZnO 的光催化效率。如图 8-6 所示，这主要是因为 Ag、ZnO 和 ZnFe$_2$O$_4$ 在界面处形成了紧密的异质结，且 ZnFe$_2$O$_4$ 导带位置（$E_{CB} = -0.5V$）高于 ZnO（$E_{CB} = -0.3V$），在太阳光的激发下，电子由 ZnFe$_2$O$_4$ 传递到 ZnO，再到 Ag 上聚

集，增加了电子－空穴对的分离效率，延长了光生载流子的寿命。

而且样品光催化效率的提高也可以归结于空心纳米结构。通过模板剂制备的样品具有空心纳米结构，粒径大小 220nm，壳层厚度 23nm，且壳体表面具有大量的孔，说明了样品具有大的比表面积，一方面增大了与污染物的接触机会，另一方面提升了样品对太阳光的吸收能力。

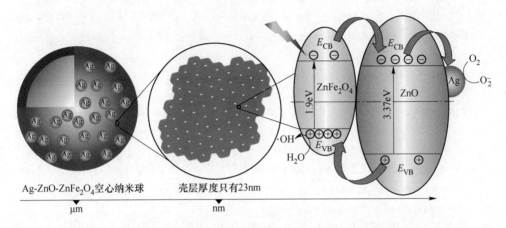

图 8-6　$ZnFe_2O_4$-ZnO-Ag 光催化剂的光降解污染物机理图

本章通过浸渍、煅烧和光还原的工艺成功制备 $ZnFe_2O_4$-ZnO-Ag 光催化剂。$ZnFe_2O_4$-ZnO-Ag 具有空心纳米结构，粒径大小 220nm，壳层厚度 23nm，表面布满了小孔，进一步证明了样品具有大的比表面积。HRTEM 结果验证了 Ag、ZnO 和 $ZnFe_2O_4$ 在界面处紧密结合，形成了匹配的异质结。光催化和光电流实验结果证明 $ZnFe_2O_4$-ZnO-Ag 光催化和光电流强度均高于 $ZnFe_2O_4$ 和 $ZnFe_2O_4$-ZnO。

为了研究不同 Ag 的负载量对 $ZnFe_2O_4$-ZnO-Ag 复合体系的影响，制备了不同 Ag 负载量的 AZZ-1、AZZ-2、AZZ-3 和 AZZ-4，随着 Ag 的负载量增加，AZZ-1、AZZ-2、AZZ-3 和 AZZ-4 所对应样品的光催化效率和光电流强度先上升后下降，当 $AgNO_3$ 物质的量为 0.15mmol 时，AZZ-3 的光催化效率和光电流强度最高，说明负载适量的 Ag 有利于提升光电转换效率。

AZZ-3 经 3 次循环光降解实验，光催化效率仅仅降低了 1.9%，证明了通过此工艺所制备的光催化剂性能稳定。$ZnFe_2O_4$-ZnO-Ag 在磁铁作用下很容易与水分离，验证了样品具有可回收性和良好的污水处理应用价值。

参 考 文 献

[1] LI J Q, LIU Z X, ZHU Z F. Magnetically separable ternary hybrid of $ZnFe_2O_4$-Fe_2O_3-Bi_2WO_6 hollow nanospheres with enhanced visible photocatalytic property [J]. Applied Surface Science, 2014, 320: 146-153.

[2] LI J Q, LIU Z X, ZHU Z F. Enhanced photocatalytic activity in ZnFe$_2$O$_4$-ZnO-Ag$_3$PO$_4$ hollow nanospheres through the cascadal electron transfer with magnetical separation [J]. Journal of Alloys and Compounds, 2015, 636: 229-233.

[3] YUAN X, JIANG L, CHEN X, et al. Highly efficient visible-light-induced photoactivity of Z-scheme Ag$_2$CO$_3$/Ag/WO$_3$ photocatalysts for organic pollutant degradation [J]. Environmental Science: Nano, 2017, 4 (11): 2175-2185.

[4] WU X, HU Y, WANG Y, et al. In-situ synthesis of Z-scheme Ag$_2$CO$_3$/Ag/AgNCO heterojunction photocatalyst with enhanced stability and photocatalytic activity [J]. Applied Surface Science, 2019, 464: 108-114.

[5] SOBAHI T, AMIN M. Synthesis of ZnO/ZnFe$_2$O$_4$/Pt nanoparticles heterojunction photocatalysts with superior photocatalytic activity [J]. Cramics International, 2020, 46 (3): 3558-3564.

[6] CHOUDHARY S, BISHT A, MOHAPATRA S. Microwave-assisted synthesis of alpha-Fe$_2$O$_3$/ZnFe$_2$O$_4$/ZnO ternary hybrid nanostructures for photocatalytic applications [J]. Ceramics International, 2021, 47 (33): 3833-3841.

[7] WEI P, YIN S, ZHOU T, et al. Rational design of Z-scheme ZnFe$_2$O$_4$/Ag@ Ag$_2$CO$_3$ hybrid with enhanced photocatalytic activity, stability and recovery performance for tetracycline degradation [J]. Separation and Purification Technology, 2021, 266: 118544.

[8] HAN N, LIU H, WU X, et al. Pure and Sn-, Ga- and Mn-doped ZnO gas sensors working at different temperatures for formaldehyde, humidity, NH$_3$, toluene and CO [J]. Applied Physics a-Materials Science & Processing, 2011, 104 (2): 627-633.

[9] QIN G H, SUN X X, XIAO Y Y, et al. Rational fabrication of plasmonic responsive N-Ag-TiO$_2$-ZnO nanocages for photocatalysis under visible light [J]. Journal of Alloys and Compounds, 2019, 772: 885-899.

[10] CAN D E, UGUR K, TUNCAY D, et al. Effect of Ag content on photocatalytic activity of Ag@ TiO$_2$/rGO hybrid photocatalysts [J]. Journal of Electronic Materials, 2020, 49 (6): 3849-3859.

[11] NIE M, LIAO J, CAI H, et al. Photocatalytic property of silver enhanced Ag/ZnO composite catalyst [J]. Chemical Physics Letters, 2021, 768: 138394.

[12] 宋颖颖, 黄琳, 李庆森, 等. CuO/BiVO$_4$ 光催化剂的制备及光催化 CO$_2$ 还原性能 [J]. 高等学校化学学报, 2022, 43 (6): 163-171.

[13] WANG B L, YU F C, LI H S, et al. The preparation and photocatalytic properties of Na doped ZnO porous film composited with Ag nano-sheets [J]. Physica E: Low-dimensional Systems and Nanostructures, 2020, 117: 113712.

[14] ACHARYA R, NAIK B, PARIDA K. A review on visible light driven spinel ferrite-g-C$_3$N$_4$ photocatalytic systems with enhanced solar light utilization [J]. Journal of Molecular Liquids, 2022, 357: 119105.

[15] ACHARYA R, PARIDA K. A review on TiO$_2$/g-C$_3$N$_4$ visible-light-responsive photocatalysts for sustainable energy generation and environmental remediation [J]. Journal of Environmental Chemical Engineering, 2020, 8 (4): 103896.

[16] CAN D E, UGUR K, TUNCAY D, et al. Effect of Ag content on photocatalytic activity of Ag@ TiO$_2$/rGO hybrid photocatalysts [J]. Journal of Electronic Materials, 2020, 49: 3849-3859.

[17] WANG B L, YU F C, LI H S, et al. The preparation and photocatalytic properties of Na doped ZnO porous film composited with Ag nano-sheets [J]. Physica E: Low-dimensional Systems and Nanostructures, 2020, 117: 113712.

[18] ACHARYA R, NAIK B, PARIDA K. Visible-light-induced photocatalytic degradation of textile dyes over plasmonic silver-modified TiO$_2$ [J]. Advanced Textile Engineering Materials, 2018, 389-418.

9 $ZnFe_2O_4$ 基半导体材料的应用

9.1 引　　言

众所周知，半导体光催化技术可以将太阳能转化为化学能，从根本上解决环境污染问题，对于可持续发展具有重大的意义[1-3]。目前，光催化降解污染物的研究很多，然而至今只停留于实验室阶段，仍未应用于实际的大规模污水处理，限制其应用主要有两大因素：一是降解污染物效率高的半导体光催化剂不易回收利用，容易造成二次污染[4-7]；二是易回收利用的光催化剂降解污染物效率不高。当前，兼顾提升光催化效率和可回收性的研究较少。

$ZnFe_2O_4$ 是一种窄禁带半导体（$E_g = 1.9 \sim 2.4eV$），兼具磁性和光催化性能，物理化学稳定性好、原材料来源充足，且在磁性环境下便可以与污水分离回收，因此颇具开发潜力[8-11]。

为了进一步丰富 $ZnFe_2O_4$ 基材料的应用领域，本章从 $ZnFe_2O_4$ 基材料性能出发，重点概述了 $ZnFe_2O_4$ 基半导体材料光催化技术在能源和环境领域的应用，拓展读者对 $ZnFe_2O_4$ 应用领域的了解，为 $ZnFe_2O_4$ 研究提供了更广阔的思路和方法。

9.2 应　　用

9.2.1 水污染治理

水污染是环境污染的重要来源之一，光催化技术能利用太阳能降解水中的有机污染物质，特别是一些工业上难处理的有机污染物，利用光催化技术都能降解去除，如烃类、卤代物、染料、农药、表面活性剂、羧酸类、含氮有机物和抗生素等有机化合物。Liu[12]利用模板剂，采用浸渍、煅烧的工艺制备了 Ag-ZnO-$ZnFe_2O_4$ 复合空心纳米光催化剂。经 500W 氙灯照射 120min，Ag-ZnO-$ZnFe_2O_4$ 对 RhB 溶液的降解率可以达到 97%，高的光催化性能得益于大的比表面积和匹配的异质结设计。该样品在磁性环境下可以多次循环使用，证明该光催化剂可以应用于工业化污水处理。

李瑞华[13]采用赤泥基 $ZnFe_2O_4$ 光催化降解四环素，实验结果表明，$ZnFe_2O_4$ 具有高的催化活性，在最优工艺条件下，即 H_2O_2 浓度 20mmol/L、催化剂用量

0.5g/L、反应时间 5h、pH 值为 9 的条件时，对浓度为 50mg/L 四环素降解率可以达到 86.3%，经 4 次循环使用实验，对四环素降解率可以达到 53%。在 $ZnFe_2O_4$ 光催化降解四环素实验中，$\cdot O^{2-}$（超氧阴离子自由基）和 h^+（空穴）活性物质主要起到光降解作用。

范顶等人[14]以钛酸四丁酯、无水氯化锌、六水氯化铁为原料，采用自组装法制备了 $ZnFe_2O_4/TiO_2$ 复合材料。为探究具有最佳光催化效果的复合材料光催化剂，对不同复合比的光催化剂进行了光催化测试，20mg 不同催化剂在 100W 高压汞灯照射下，于 25℃下对初始浓度为 30mg/L 的活性染料 Red 24 进行光催化降解，当 $ZnFe_2O_4/TiO_2$ 复合材料的复配比为 1:10、1:15、1:20 时，其光催化效果明显优于单独的 TiO_2。$ZnFe_2O_4/TiO_2$（1:15）具有最好的光催化效果，光照 45min 对 Red 24 的降解率就能达到 100%。相比之下单独的 TiO_2 在光照 135min 后对 Red 24 降解率才能达到 99.4%。

彭金龙等人[15]通过水热法，以 $Zn(CH_3COO)_2 \cdot 2H_2O$ 和 $(NH_4)_2Fe(SO_4)_2 \cdot 6H_2O$ 为原料，成功合成了叶状 $ZnFe_2O_4/ZnO$ 光催化剂。在加入 H_2O_2 后，在可见光下，通过降解邻苯二甲酸二丁酯（DBP）研究 $ZnFe_2O_4/ZnO$ 的光催化性能。结果表明，光照 210min，$ZnFe_2O_4/ZnO$ 对 DBP 降解率可以达到 92%，而纯相 $ZnFe_2O_4$ 对 DBP 的降解率仅为 70%，其高的光降解有机物的原因可以归因于 $ZnFe_2O_4$ 和 ZnO 之间形成了匹配的异质结，增加了彼此间电子空穴对的分离密度，提高了光降解有机物的效率。

9.2.2 无机污染物处理

水中的无机污染物主要包括金属离子和无机阴离子，它们在水体中具有毒害性大、清除难的特点，备受人们关注，各国也加强了对无机污染物排放的控制，如 Cr^{6+}、Pb、Hg、Cd、磷化物、氰化物、砷化物等。光催化技术可以将一些难处理的无机污染物离子转化成无毒物质或低毒性物质，例如，工业污水中常见有 Cr^{6+}，毒性大，诱导肺癌，常见的处理方法是将 Cr^{6+} 还原为低毒性的 Cr^{3+}，碱化处理形成 $Cr(OH)_3$ 沉淀，再过滤处理。Zhang 等人[16]采用简便的多步法合成了 $ZnFe_2O_4/CPVC$（CPVC，聚氯乙烯）纳米复合材料。光还原重金属离子实验表明，当 $ZnFe_2O_4/CPVC$-2%（CPVC 与 $ZnFe_2O_4$ 的质量比为 2%）浓度为 0.33g/L，$K_2Cr_2O_7$ 浓度为 20mg/L，反应环境 pH 值为 3.2，经 70min 光照处理，将 Cr^{6+} 还原为 Cr^{3+} 的比例是 100%，此光还原物质可以利用磁铁从水悬浮液中回收 Cr^{3+}。以上结果表明，$ZnFe_2O_4/CPVC$-2% 是一种具有应用于 Cr^{6+} 废水处理的可见光响应光催化剂。

Li 等人[17]采用水热法制备了一系列 $Ag/BiOI/ZnFe_2O_4$ 磁性杂化物，并采用沉淀-沉淀和光还原法在荧光照射下去除单质汞（Hg^0）。Hg^0 去除实验结果表明，

当反应温度 45℃，Hg^0 蒸气浓度为 55μg/m^3 时，在制备的三元 Ag（x）BiOI/
ZnFe$_2$O$_4$（x = 1%，2%，4%，6%，8%，10%）杂化物中，Ag（1%）BiOI/
ZnFe$_2$O$_4$ 光催化剂的 Hg^0 去除率最高（约为 97%）。这是由于 Ag、BiOI 和
ZnFe$_2$O$_4$ 具有良好的匹配性，Ag 纳米粒子具有良好的流动性和 SPR 效应，三者
之间存在协同作用，从而提高了 Ag（1%）BiOI/ZnFe$_2$O$_4$ 对 Hg^0 的去除率。

可见光驱动光催化还原铀（Ⅵ）正成为去除废水中铀（Ⅵ）的一种有效方法，
但适用的催化剂极为有限。Liang 等人[18]成功制备了不同形貌的 ZnFe$_2$O$_4$ 催化
剂。在可见光下，ZnFe$_2$O$_4$ 样品的铀（Ⅵ）的光还原活性依次为棒 > 微球 > 纳米
颗粒。使用 ZnFe$_2$O$_4$ 棒，50ppm（0.005%）的铀（Ⅵ）在 60min 内几乎完全去
除，这是可见光驱动光催化去除铀（Ⅵ）最有效的方法之一。此外，ZnFe$_2$O$_4$ 棒
状光催化剂具有良好的稳定性、可回收性和磁选性。这些特点使 ZnFe$_2$O$_4$ 成为一
种很有前途的用于放射性环境修复的光催化剂。

9.2.3　灭杀细菌

ZnFe$_2$O$_4$ 基半导体材料具有灭杀微生物的作用，在消灭细菌方面的应用受到
广泛的关注，光催化剂能与细胞壁表面的蛋白质作用，破坏其细胞壁，进入细菌
内部与细胞内蛋白质和相关酶作用阻碍细胞的呼吸，并且可以有效破坏 DNA 结
构，抑制细菌基因的复制，从而影响细菌呼吸和细胞分裂等过程，最终导致细菌
死亡，目前，光催化技术已在洁具、墙体和玻璃表面都得到了应用[19]。史娟等
人[20]采用热溶剂法制备 ZnFe$_2$O$_4$@PDA@Ag（PDA，聚多巴胺，是一种蛋白质类
高分子物质）纳米复合光催化剂。细菌实验结果表明，光催化剂材料浓度为
200μg/mL，经 60min，ZnFe$_2$O$_4$@PDA@Ag 对革兰氏阳性菌金黄色葡萄球菌、革
兰氏阴性菌铜绿假单胞菌和耐药菌沙门氏菌的灭杀率均可以达到 99.9%。刘晴
晴[21]采用水热法制备 Ag/AgBr/ZnFe$_2$O$_4$ 复合材料，灭菌实验结果证明，Ag/
AgBr/ZnFe$_2$O$_4$-5%（ZnFe$_2$O$_4$ 占 Ag/AgBr/ZnFe$_2$O$_4$ 的质量比为 5%）复合材料对
大肠杆菌的灭菌性能为在光反应 120min 时能将所有细菌完全杀灭。

Duraisamy Elango[22]通过共沉淀法和初始湿浸渍法合成了负载 Ag$_2$O$_x$（质量
分数为 3%）的 ZnFe$_2$O$_4$ 光催化剂。啶虫脒的降解、抗菌、抗氧化和毒性试验结
果表明，经日光照射 300min，负载 Ag$_2$O$_x$（质量分数为 3%）的 ZnFe$_2$O$_4$ 光催化
剂对啶虫脒的降解效率可以达到 60%，而纯 ZnFe$_2$O$_4$ 纳米材料对啶虫脒的降解效
率仅为 26%。此外，Ag$_2$O$_x$（质量分数为 3%）的 ZnFe$_2$O$_4$ 光催化剂比纯 ZnFe$_2$O$_4$
纳米材料表现出更有效的抗氧化和抗菌活性。ZnFe$_2$O$_4$ 纳米材料上负载了质量分
数为 3% 的 Ag$_2$O$_x$-NPs，这可能是由于电子 - 空穴对的输运性质得到了提高。该
研究将为开发简单有效的光催化剂，有效地拯救受污染的水生生态系统提供新的
途径。

9.2.4 能源存储

随着环境污染和能源危机问题日益严重，国家加大了对能源存储材料的研究和扶持力度。因锂离子负极常用材料石墨的工作电压低，能源存储容量低限制了其在电池领域广泛的应用[23]。姜丽雪[24]利用水热和热处理工艺制备了 $ZnFe_2O_4/MoS_2/rGO$ 复合材料，电流密度为 200mA/g 时进行充放电测试，$ZnFe_2O_4/MoS_2/rGO$ 的首圈放电比容量为 2498mA·h/g，经过 100 次循环后仍保留 1568mA·h/g 的放电比容量。同时 $ZnFe_2O_4/MoS_2/rGO$ 也表现出了较为优异的倍率性能，即在 1800mA/g 较高的电流密度下进行倍率性能测试时，仍具有 638mA·h/g 的放电比容量。

孙爽淦[25]通过水热法制备了 $ZnFe_2O_4@MnO_2$ 电极材料，该材料的最大比电容值可以达到 1442 F/g。以铁酸锌核壳结构的电极材料为正极，活性炭电极材料为负极所组装的超级电容器的能量密度可以达到 49.7W·h/kg，而且功率密度最大可以达到 1918.4W/kg。该电极材料还具有稳定性较好的特点，在经过 3000 次的恒电流充放电循环之后，其电容值可以保留 90%。

9.2.5 产氢

氢气(H_2)作为一种高效、清洁的能源载体，光催化技术可以将 H_2O 分解为 H_2 和 O_2，而缓解能源危机。Nagajyothi P C[26]通过水热法制备了 $ZnFe_2O_4/MoS_2$ 异质结复合物。优化后的 $ZnFe_2O_4/MoS_2$ 光催化剂的产氢率为 142.1μmol/(g·h)，是 $ZnFe_2O_4$ 光催化剂的 10.3 倍。光电化学结果表明，$ZnFe_2O_4/MoS_2$ 异质结显著降低了电子和空穴的复合，促进了有效的电荷转移。其光催化机理是 $ZnFe_2O_4$ 和 MoS_2 在光照射下都能产生电子和空穴对，MoS_2 的 CB（导带）中的光激发电子可以迁移并与 $ZnFe_2O_4$ 的 VB（价带）中的空穴结合。此时，电子和空穴在空间上被分离，并最终分别聚集在 $ZnFe_2O_4$ 的 CB 和 MoS_2 的 VB 处。因此，$ZnFe_2O_4/MoS_2$ 异质结由于 $ZnFe_2O_4$ 的窄带隙，不仅可以扩大光吸收范围，还可以提高光利用率。

张亚军等人[27]通过电沉积和热氧化的方法制备了树枝状结构 $ZnFe_2O_4$，研究了热氧化烧结条件对结构和光催化性能的影响。烧结温度为 200℃时，光催化产氢速率为 43.5μmol/(g·h)，烧结温度为 350℃和 450℃时，光催化产氢速率分别为 70.5μmol/(g·h)、75.5μmol/(g·h)。烧结气氛不仅影响样品的树枝状结构，其光催化产氢速率明显低于空气气氛烧得到的样品的光催化产氢速率。

9.2.6 CO_2 还原

随着工业化的推进，CO_2 排放量与日俱增，导致了气候变暖，因此对 CO_2 的转化利用很有研究意义。借助光催化技术，利用 H_2O 将 CO_2 还原为甲烷、甲醇和 CO 等小分子有机化合物是目前的研究热点。郭佳佳[28]采用溶胶－凝胶法成功地制备了 $ZnFe_2O_4$ 纳米光催化剂，其具有较大的比表面积、更好的光吸收性能和光生电子－空穴对分离性能。光催化结果表明，用 300W 氙灯照射 4h，$ZnFe_2O_4$ 光催化 H_2O 还原 CO_2 生成 H_2、CO 和 CH_4 的产率分别为 4.30μmol/(g·h)、0.40μmol/(g·h) 和 2.35μmol/(g·h)。严逸珑[29]采用简便的一锅离子热法成功地合成了 $ZnFe_2O_4$/FeP-CTFs 复合光催化材料。所制备的 $ZnFe_2O_4$/FeP-CTFs 表现出更好的 CO_2 还原性能，其 CO 生成速率为 178μmol/(g·h)。这种异质结构保持了较高的比表面积，有利于 CO_2 的吸附，并且暴露了更多的活性中心，促进了 CO_2 与光催化中心的紧密接触。

9.2.7　空气污染治理

从家具、建材和家电等释放到空气中的有害气体多达 350 余种，其中包括甲醛、氨气、一氧化碳、二氧化氮、二甲苯和二氧化硫等常见的有害气体。这些有毒气体可以引起呼吸系统、中枢神经系统、免疫系统等的异常紊乱，引发白血病、癌症等不治之症。Seoung-Rae Kim[30]通过热处理工艺得到了 NCQDs/$ZnFe_2O_4$/BOB（CQDs, carbon quantum dots，碳量子点：直径为 1～10nm 的碳纳米颗粒；BOB，BiOBr，溴氧化铋）三元复合光催化剂，光催化实验结果表明，经 300W 氙灯光照处理，NCQDs/$ZnFe_2O_4$/BOB 在 4h 后，对 1,3,5-三甲苯的降解率可以达到 94.5%，对邻二甲苯的降解率可以达到 72.5%。

赵舜辉[31]运用简单水热法成功制备了 $ZnFe_2O_4$/TiO_2 复合材料。为了提高光催化活性，将制备好的 $ZnFe_2O_4$/TiO_2 二元复合光催化材料与硅藻泥涂料以搅拌、超声等物理方式进行复合，制备成具有高效光催化性能的 $ZnFe_2O_4$/TiO_2/硅藻泥复合涂料。以 NO 为目标物对其光催化活性进行评价，将空气和 NO 气体分别以 2.4L/min 和 15mL/min 的流速混合，经 12W LED 灯光照射，连续检测 30min，$ZnFe_2O_4$/TiO_2/硅藻泥（$ZnFe_2O_4$/TiO_2 与硅藻泥比例 1∶3）对 NO 的净化效率为 50%。

目前半导体材料的光催化技术属于高科技技术，许多性能研究还处于实验室阶段，应用于工程实际的性能较少。本章概述了 $ZnFe_2O_4$ 基半导体材料在水污染治理、无机污染物处理、灭杀细菌、能源存储、产氢、CO_2 还原和空气污染治理方面的应用，及其在上述领域的效率。拓展学者对 $ZnFe_2O_4$ 基半导体材料应用领域的了解，为其他半导体材料的光催化技术研究提供了更广阔的思路和方法，助推了半导体光催化技术从实验室走向市场。

参 考 文 献

[1] CUI Y, ZHENG J, WANG Z, et al. Magnetic induced fabrication of core-shell structure Fe₃O₄

@ TiO$_2$ photocatalytic membrane: Enhancing photocatalytic degradation of tetracycline and antifouling performance [J]. Journal of Environmental Chemical Engineering, 2021, 9 (6): 106666.

[2] LI D, ZHOU J, ZHANG Z, et al. Enhanced photocatalytic activity for CO$_2$ reduction over a CsPbBr$_3$/CoAl-LDH composite: Insight into the S-scheme charge transfer mechanism [J]. ACS Applied Energy Materials, 2022, 5: 6238-6247.

[3] ZHANG Z, JIANG Y, DONG Z, et al. 2D/2D inorganic/organic hybrid of lead-free Cs$_2$AgBiBr$_6$ double perovskite/covalent triazine frameworks with boosted charge separation and efficient CO$_2$ photoreduction [J]. Inorganic Chemistry, 2022, 61 (40): 16028-16037.

[4] ZHAO W, HUANG Y, SU C, et al. Fabrication of magnetic and recyclable In$_2$S$_3$/ZnFe$_2$O$_4$ nanocomposites for visible light photocatalytic activity enhancement [J]. Materals Research Express, 2020, 7: 015080.

[5] AZAM Z, SEYED S M, ALIREZA M, et al. Synthesis, characterization and investigation of photocatalytic activity of ZnFe$_2$O$_4$@MnO-GO and ZnFe$_2$O$_4$@MnO-rGO nanocomposites for degradation of dye Congo red from wastewater under visible light irradiation [J]. Research on Chemical Intermediates, 2020, 46: 33-61.

[6] FAISAL M M, EJAZ A, MUKHTAR A, et al. Enhanced photocatalytic activity of hydrogen evolution through Cu incorporated ZnO nano composites [J]. Materials Science in Semiconductor Processing, 2020, 120: 105278.

[7] SHIPRA C, ADITI B, SATYABRATA M. Microwave-assisted synthesis of alpha-Fe$_2$O$_3$/ZnFe$_2$O$_4$/ZnO ternary hybrid nanostructures for photocatalytic applications [J]. Ceramics International, 2021, 47: 3833-3841.

[8] WANG X, FENG J, ZHANG Z Q, et al. Pt enhanced the photo-Fenton activity of ZnFe$_2$O$_4$/alpha-Fe$_2$O$_3$ heterostructure synthesized via one-step hydrothermal method [J]. Journal of Colloid and Interface Science, 2020, 561: 793-800.

[9] ZHANG X H, LIN B Y, LI X Y, et al. MOF-derived magnetically recoverable Z-scheme ZnFe$_2$O$_4$/Fe$_2$O$_3$ perforated nanotube for efficient photocatalytic ciprofloxacin removal [J]. Chemical Engineering Journal, 2022, 430: 132728.

[10] HUSSAIN S, HUSSAIN S, WALEED A, et al. Spray pyrolysis deposition of ZnFe$_2$O$_4$/Fe$_2$O$_3$ composite thin films on hierarchical 3-D nanospikes for efficient photoelectrochemical oxidation of water [J]. Journal of Physical Chemistry, C, 2017, 121: 18360-18368.

[11] WEI P, YIN S, ZHOU T, et al. Rational design of Z-scheme ZnFe$_2$O$_4$/Ag@Ag$_2$CO$_3$ hybrid with enhanced photocatalytic activity, stability and recovery performance for tetracycline degradation [J]. Separation and Purification Technology, 2021, 266: 118544.

[12] LIU Z X. Magnetically recycling Ag-modified ZnFe$_2$O$_4$ based hollow nanostructures with enhanced visible photocatalytic activity [J]. Chemical Physics Letters, 2022, 809: 140145.

[13] 李瑞华, 刘璐. 赤泥基 ZnFe$_2$O$_4$ 光催化降解抗生素四环素的研究 [J]. 化学工程师, 2022, 36 (11): 42-46.

［14］范顶，王黎明，徐丽慧，等．ZnFe₂O₄/TiO₂ 复合材料的表征及其光催化性能研究［J］．化工新型材料，2023，51（7）：298-302.

［15］彭金龙，罗天雄，汪万强，等．叶状 ZnFe₂O₄/ZnO 类 Fenton 光催化剂的制备及降解邻苯二甲酸二丁酯［J］．水处理技术，2018，44（12）：56-58，67.

［16］ZHANG Y H, PENG T X, WANG Y Y, et al. Modification of ZnFe₂O₄ by conjugated polyvinyl chloride derivative for more efficient photocatalytic reduction of Cr(Ⅵ)［J］. Journal of Molecular Structure, 2021, 1242: 130734.

［17］LI C W, ZHANG A C, ZHANG L X, et al. Enhanced photocatalytic activity and characterization of magnetic Ag/BiOI/ZnFe₂O₄ composites for Hg⁰ removal under fluorescent light irradiation［J］. Applied Surface Science, 2018, 433: 914-926.

［18］LIANG P L, YUAN L Y, DENG H, et al. Photocatalytic reduction of uranium(Ⅵ) by magnetic ZnFe₂O₄ under visible light［J］. Applied Catalysis B Environmental, 2020, 267: 118688.

［19］刘守新，刘鸿．光催化及光催化基础与应用［M］．北京：化学工业出版社，2006.

［20］史娟，梁犇，宋凤敏，等．ZnFe₂O₄@PDA@Ag 纳米复合材料的制备及其抑菌性［J/OL］．复合材料学报：1-16［2023-05-03］．https://doi.org/10.13801/j.cnki.fhclxb.20230317.001.

［21］刘晴晴．卤化银/ZnFe₂O₄ 复合材料的制备及其光催化性能研究［D］．镇江：江苏大学，2019.

［22］ELANGO D, MANIKANDAN V, PACKIALAKSHMI J S, et al. Synthesizing Ag₂Oₓ(3 wt%)-loaded ZnFe₂O₄ photocatalysts for efficiently saving polluted aquatic ecosystems［J］. Chemosphere, 2023, 311: 136983.

［23］王敏，朱彤，吕春梅．钒酸铋光催化剂及其应用［M］．北京：化学工业出版社，2016.

［24］姜丽雪．ZnFe₂O₄ 基电极材料的制备及其电化学性能研究［D］．吉林：吉林大学，2019.

［25］孙爽淼．ZnFe₂O₄@MnO₂ 和 af-MWNTs 的水热合成及其在超级电容器和太阳能电池中的应用［D］．吉林：吉林大学，2019.

［26］NAGAJYOTHI P C, DEVARAYAPALLI K C, JAESOOL S, et al. Highly efficient white-LED-light-driven photocatalytic hydrogen production using highly crystalline ZnFe₂O₄/MoS₂ nanocomposites［J］. International Journal of Hydrogen Energy, 2020, 45（57）：32756-32769.

［27］张亚军，姚忠平，姜兆华．热氧化烧结条件对树枝状 ZnFe₂O₄ 结构及光催化制氢性能的影响［J］．功能材料，2016，47：130-134.

［28］郭佳佳．ZnFe₂O₄ 尖晶石的制备、改性及光催化水蒸气还原 CO₂ 性能［D］．天津：天津大学，2019.

［29］严逸珑．Co@PdTCPP-MOFs 和 ZnFe₂O₄/FeP-CTFs 的离子热合成及其光催化还原 CO₂ 的研究［D］．杭州：浙江工业大学，2020.

［30］KIM S R, JO W K. Boosted photocatalytic decomposition of nocuous organic gases over tricomposites of N-doped carbon quantum dots, $ZnFe_2O_4$, and BiOBr with different junctions [J]. Journal of Hazardous Materials, 2019, 380: 120866.

[31] 赵舜辉. $ZnFe_2O_4/TiO_2$ 的制备及光催化净化 NO_x 性能的研究 [D]. 重庆: 重庆工商大学, 2021.

后　　记

　　如果您能一页一页看到此处，作者很是欣慰，也对您的关注表示感谢。虽然作者对提高 $ZnFe_2O_4$ 基空心纳米复合光催化剂的光降解效率做了大量的研究工作，例如构建空心纳米核壳结构，寻找能级匹配的半导体，沉积贵金属等，也取得了一定成果，但以上研究还存在一定不足，缺少以下几方面研究：（1）酚醛树脂微球加入量、锌盐和铁盐混合溶液浓度、烧结温度和烧结速率对 $ZnFe_2O_4$ 基空心纳米光催化剂球壳结构的形成和厚度的影响。（2）$AgNO_3$ 溶液的浓度、pH 值、光照强度和时间对负载到 $ZnFe_2O_4$ 基空心纳米光催化剂表面上的 Ag 的粒径大小、密度、稳定性、均匀度等因素影响。（3）通过调整锌盐和铁盐混合溶液浓度、$AgNO_3$ 溶液浓度，探索不同物质的量对 $ZnFe_2O_4$ 基空心纳米复合光催化剂光降解效率的影响。（4）进行其他检测，对化合物结构等方面性能的研究。作者还很年轻，充满激情，将会持续着手以上四方面短板的研究，也希望通过大量的 $ZnFe_2O_4$ 基空心纳米光催化剂研究，进一步推进光催化剂工业化应用。

作　者
2023 年 2 月